REALIENBÜCHER FÜR GERMANISTEN
ABT. D:
LITERATURGESCHICHTE

JOACHIM BUMKE

# Wolfram

# von Eschenbach

———

2., durchgesehene Auflage

MCMLXVI

J. B. METZLERSCHE VERLAGSBUCHHANDLUNG

STUTTGART

1. Auflage 1964
2. Auflage 1966

M 36

Die ›Sammlung Metzler‹ hat sich zum Ziel gesetzt, das sicher Gewußte vom Erschlossenen und nur Vermuteten zu scheiden; dieses Programm an einem Dichter wie Wolfram zu erproben war eine reizvolle Aufgabe. Unser faktisches Wissen von dem mittelalterlichen Dichter ist freilich zu gering, um die Darstellung auf „Auskünfte über die gesicherten Fakten" zu beschränken. Es ging mir darum, in aller Kürze ein Bild vom Stand der Forschung zu geben, und ich habe mich dabei bemüht, die Grenzen unseres Wissens klar zu bezeichnen. Die rechte Mitte zwischen Forschungsbericht und Darstellung war nicht überall leicht zu finden; letztlich schien mir die Lesbarkeit des Bändchens wichtiger zu sein.

Die Literaturangaben sollen den Weg zu weiterer Beschäftigung mit dem Dichter öffnen. Angesichts der Menge des Vorhandenen war eine strenge Auswahl unvermeidlich. Das Gewicht liegt auf der neueren Forschung, doch habe ich auf einige ältere Arbeiten, die bis heute weiterwirken, nicht verzichten mögen. Ungedruckte Dissertationen blieben ausgeschlossen; auf Rezensionen wurde nur in Einzelfällen verwiesen; textkritische Arbeiten, Kommentare zu Einzelstellen, Abhandlungen über einzelne Szenen und Figuren konnten nicht aufgenommen werden, obwohl sie viele wertvolle Beobachtungen enthalten; sie müssen nebst weiteren Auskünften den auf S. 18 ff. angeführten Hilfsmitteln der Forschung entnommen werden.

Cambridge/Mass., Januar 1964
Berlin, Mai 1966                                        J. B.

# INHALT

# Abkürzungen

| | |
|---|---|
| AfdA | Anzeiger für deutsches Altertum |
| Beitr. | Beiträge zur Geschichte der deutschen Sprache und Literatur |
| DU | Der Deutschunterricht |
| DVjs. | Deutsche Vierteljahrsschrift für Literaturwissenschaft und Geistesgeschichte |
| Euph. | Euphorion. Zeitschrift für Literaturgeschichte |
| GLL | German Life and Letters |
| GR | The Germanic Review |
| GRM | Germanisch-romanische Monatsschrift |
| JEGP | The Journal of English and Germanic Philology |
| MLR | The Modern Language Review |
| PMLA | Publications of the Modern Language Association of America |
| Verf.Lex. | Die deutsche Literatur des Mittelalters, Verfasserlexikon |
| WW | Wirkendes Wort |
| ZfdA | Zeitschrift für deutsches Altertum |
| ZfdPh. | Zeitschrift für deutsche Philologie |

# I. DER DICHTER

## 1. HERKUNFT

> *Ich bin Wolfram von Eschenbach,*
> *unt kan ein teil mit sange.* (*Pz.* 114, 12–13)

Ohne die üblichen Humilitätsfloskeln stellt sich hier ein Dichter vor, der bereits zu seinen Lebzeiten als der größte Laiendichter gefeiert wurde; und dieser Ruhm ist ihm geblieben. Wir wissen mehr von ihm als von den meisten seiner Zeitgenossen, nicht aus Chroniken und Urkunden, sondern weil seine Persönlichkeit in einem erstaunlichen Maß sein Werk geprägt hat. Überall schiebt sich sein Ich zwischen die Erzählung, scherzend und bissig, auf Fernstes anspielend und eigene Erfahrungen vergleichend. Aber wenn man versucht, aus diesem subjektiven Stil biographische Fakten zu gewinnen, bleibt wenig Sicheres in der Hand. Er nennt sich viermal *Wolfram von Eschenbach* (*Pz.* 114, 12. 185, 7. 827, 13. *Wh.* 4, 19). Wolfram war kein ungewöhnlicher Name, und Eschenbach ist als Orts- und Familienname mehrfach bezeugt. Nachdem man verschiedene Anknüpfungen erwogen hatte, sind zwei Orte in die engere Wahl gekommen, beide heute in Bayern: das oberpfälzische Eschenbach südöstlich von Bayreuth und das mittelfränkische alte Ober-Eschenbach südöstlich von Ansbach. Das zweite, das seine Ansprüche durch spektakuläre Gesten unterstrich – 1861 wurde dort ein von König Maximilian II. von Bayern gestifteter Brunnen mit einer Wolfram-Plastik aufgestellt, und seit 1917 heißt das Städtchen offiziell Wolframs-Eschenbach –, hat schließlich die Anerkennung der Forschung gefunden. Die Hauptargumente zugunsten der fränkischen Stadt sind:

1. die Erwähnung des Grafen von Wertheim bei Gelegenheit der Hungersnot im belagerten Belrapeire: *min hêrre der grâf von Wertheim wær ungern soldier dâ gewesn: er möht ir soldes niht genesn* (*Pz.* 184, 4–6). Die Titulierung *mîn hêrre* ist zweideutig; es könnte eine Höflichkeitsformel sein nach dem Vorbild des frz. *mes sire*, oder sie ist Ausdruck eines tatsächlichen Abhängigkeitsverhältnisses. Mit Sicherheit bezeugt aber die Stelle eine persönliche Beziehung Wolframs zum Wertheimer Grafenhaus

(die meisten Handschriften der Klasse *G überliefern den Namen *Poppe*; gemeint ist entweder Poppo I., der bis 1212, oder Poppo II., der bis 1238 bezeugt ist). Nun ist nachgewiesen, daß die Grafen von Wertheim zu Wolframs Zeit in Eschenbach begütert waren; nach einer späteren Eintragung im Eichstätter Lehnsbuch trugen sie ihre Besitzungen dort vom Eichstätter Hochstift zu Lehen.

2. Wolframs Anspielungen auf eine Reihe von (meist unbedeutenden) Lokalitäten in der Nähe der fränkischen Stadt: *Abenberc* (*Pz.* 227, 13) und *der Sant* (*Wh.* 426, 30) östlich von Eschenbach, *Tolenstein* (*Pz.* 409, 8 = Dollenstein) südöstlich, *Trühendingen* (*Pz.* 184, 24 = Wassertrüdingen) und *Nördeling* (*Wh.* 295, 16 = Nördlingen) südwestlich, der Wald *Virgunt* (*Wh.* 390, 2) westlich der Stadt. Nimmt man noch im weiteren Nordwesten *Kizzingen* (*Wh.* 385, 26 = Kitzingen?) und *Wertheim* (*Pz.* 184, 4) hinzu, so erhält man ein beinah rund geschlossenes Anspielungsgebiet, in dessen Mitte Wolframs-Eschenbach liegt.

3. Die Bezeichnung *friunt von Blienvelde* für Wolfram im ›Jüngeren Titurel‹ (ed. WOLF, 608, 4 u. ö.), die auch bei Späteren vorkommt. Pleinfeld liegt südöstlich von Eschenbach und gehörte ebenfalls zum Lehnsbesitz der Grafen von Wertheim. Über Wolframs Beziehungen dorthin ist sonst allerdings nichts bekannt.

Wenn man diesen Argumenten vertraut, wird man auch der Eschenbacher Ortsüberlieferung ein größeres Gewicht zugestehen. Ihre Aufhellung verdanken wir im wesentlichen JOHANN B. KURZ. Seit 1268 ist eine Familie von Eschenbach dort bezeugt, „ein wenig begütertes, ärmliches Geschlecht" (KURZ), das in Lehns- oder Dienstbindungen zu den Grafen von Oettingen und von Wertheim stand, auch Grundstücke vom Bistum Eichstätt und vom Deutschen Orden hatte, an den es schließlich seinen ganzen Besitz verlor. In der zweiten Hälfte des 14. Jhs verlieren sich die Spuren der Familie. Einer von ihnen, *Wolvelinus de Eschenbach*, führt 1284 den Titel *miles*; wo sonst Glieder der Familie als Zeugen erscheinen, stehen sie meist am Ende der Zeugenreihe, von den *milites* getrennt. Das Vorkommen der Namen Wolfelin und Wolfram (eine undatierte Eintragung im Eichstätter Lehnsbuch nennt *pueri Wolframi de Eschenbach*) könnte darauf deuten, daß die Eschenbacher sich für Nachkommen des berühmten Dichters hielten. Ob zu Recht oder Unrecht, läßt sich nicht entscheiden.

Jakob Püterich von Reichertshausen hat um die Mitte des

2

15. Jhs Wolframs Grab in der Frauenkirche zu Eschenbach gesehen und davon in seinem ›Ehrenbrief‹ (1462) berichtet. Das Grab war noch vorhanden, als der Nürnberger Patrizier Hans Wilhelm Kreß im Jahr 1608 durch Ober-Eschenbach reiste. Ihm verdanken wir die Grabinschrift: *Hie ligt der Streng Ritter herr Wolffram von Eschenbach ein Meister Singer.* Der Text beweist, daß das Grabmal nicht authentisch ist; denn zu Wolframs Zeit gab es weder „Meistersinger" noch „strenge" Ritter. Es stammt vermutlich aus dem 14. Jh. und bezeugt nur, daß man damals glaubte, daß Wolfram in Eschenbach begraben sei. Kreß gibt auch eine Zeichnung von Wolframs Wappen auf dem Grabmal, die mit Püterichs Andeutungen übereinstimmt: ein offener Krug mit Henkel und Tülle auf dem Schild und derselbe Krug mit Blumen auf dem Helm. Im wesentlichen dasselbe Bild überliefert Conrad Gruenenbergs Wappenbuch vom Ende des 15. Jhs unter dem Titel: *Wolfrům freyher von Eschenbach. layen mund nie pas gesprach. ain franck.* Die Zuweisung nach Franken macht es sicher, daß auch Gruenenbergs Wappen aus dem fränkischen Eschenbach stammt. Das älteste Zeugnis für Wolframs Wappen ist jedoch die Große Heidelberger Liederhandschrift, die ein ganz anderes Bild bietet: zwei voneinander abgekehrte braune „Beile" auf rotem Feld. Dies Wappen (dessen vage Ähnlichkeit mit den drei Messern im Wappen des oberpfälzischen Eschenbach verschiedentlich zugunsten dieses Orts angeführt wurde) ist wohl zu den zahlreichen Phantasiewappen der Heidelberger Handschrift zu zählen. Das Krugwappen dagegen hat Kurz im Siegel der fränkischen Eschenbacher nachgewiesen. Ein Anspruch auf Authentizität ist daraus allerdings nicht abzuleiten. Denn nach ihrem eigenen Zeugnis besaß die Familie von Eschenbach noch im Jahr 1310 kein Siegel; erst 1324 siegelt Heinrich von Eschenbach zum erstenmal mit dem Krug. Wenn dasselbe Bild dann auf Wolframs fiktivem Grab erscheint, so bestärkt das die Vermutung, daß die Eschenbacher an der Errichtung des Grabmals beteiligt waren. Anthony von Siegenfeld hat mit gutem Grund bezweifelt, daß Wolfram „überhaupt schon ein Familienwappen geführt haben kann".

Es bleiben noch die wichtigsten Bedenken gegen die fränkische Heimatthese zu erwähnen:

1. Wolframs Lokalanspielungen reichen weit nach Osten und Südosten. Die überraschend genauen Ortskenntnisse in der Steiermark (*Pz.* 496, 15 ff. 498, 21 ff.) erklären sich vielleicht als Reiseerinnerungen. Wichtiger ist die Erwähnung der kleinen Feste Haidstein bei Cham im Bayrischen Wald; Wolfram gedenkt

*der marcgrâvin, diu dicke vonme Heitstein über al die marke schein* (*Pz*. 403, 30–404, 2). Die Markgrafschaft Cham war im Besitz der Vohburger, ehe sie 1204 an das Bayrische Herzogshaus zurück-fiel; der Gemahlin des letzten Vohburgers, Bertholds II., müssen Wolframs Verse gelten. Eine persönliche Beziehung zu den Vohburgern ist daraus nicht zu folgern; aber die Stelle bezeugt Wolframs Vertrautheit mit den Verhältnissen im bayrischen Nordgau.

2. Wolfram nennt sich selbst einen Bayern: *ein prîs dezn wir Beier tragn...* (*Pz*. 121, 7). Das fränkische Eschenbach hat vor dem 19. Jh. nie zu Bayern gehört, während der oberpfälzische Ort seit 1125 bayrisch war.

Diese Punkte können die Zuweisung nach Franken nicht er-schüttern. Aber sie zeigen, daß Wolframs Herkunft aus Wolf-rams-Eschenbach nicht gegen alle Zweifel gesichert ist.

2. STAND. Wolfram setzt einmal seine *ritterlîche sicherheit* (*Pz*. 15, 12) zum Pfand für die Wahrheit der Erzählung. Das ist die einzige Stelle, wo er die Vokabel *ritter* auf sich bezieht. Die be-rühmte Selbstaussage: *schildes ambet ist mîn art* (*Pz*. 115, 11) heißt gewiß nicht: „ich bin von Geburt zur Ritterweihe be-stimmt", sondern eher: „Waffenhandwerk ist mein Beruf" (HERMANN SCHNEIDER), und selbst diese Version muß in dem ironisch-polemischen Zusammenhang der „Selbstverteidigung" (so nennt man den Einschub zwischen Buch II und III des ›Parzival‹) gelesen werden. Tatsächlich wissen wir von Wolf-rams Standesverhältnissen gar nichts Genaues. Er war ein Laie, wie der Zeitgenosse Wirnt von Gravenberg bezeugt, und „ein armer Teufel" (ROETHE), der sein Leben lang auf Herrengunst angewiesen blieb. Daß er zur Klasse der Dienstmannen, der Ministerialen gehörte, ist eine bloße Annahme (nicht einmal für die späteren Eschenbacher in Franken ist der Ministerialen-status erwiesen); daß er selber das Schwert geleitet hat, ist un-wahrscheinlich; denn diese Sitte war damals noch ein Reservat des hohen Adels, und die Angabe im ›Wartburgkrieg‹ (ed. ROM-PELMAN, Anhang, Str. 21–22), daß der Graf von Henneberg Wolfram zum Ritter gemacht habe, verdient wenig Vertrauen; daß er auf seiner eigenen Burg gesessen und gedichtet hat, ist ein romantischer Wunschtraum. Seine Armut ist ein immer wiederkehrendes Motiv. Einmal spricht er von seinem *hûs* (*Pz*. 185, 1), einer ärmlichen Kate, wo keine Maus etwas zu beißen findet; nur in dieser Behausung darf er sich *hêrre* nennen (*Pz*. 184, 30), sonst muß er sich vor den wirklichen Herren verbeu-

4

gen. Schon bald nach dem Versinken der höfischen Blütezeit sind die Dichter im verklärenden Blick der rückwärtsschauenden Epigonen zu sozialen Rängen emporgestiegen, die sie nie bekleidet haben. So ist Wolfram bereits im ›Jüngeren Titurel‹ (ed. HAHN, 5092, 1) ein *edel ritter von Eschenbach*, und zwei Jahrhunderte später gilt er sogar als „Freiherr".

3. GÖNNER. Die Dichter waren damals auf hohe Gönner angewiesen, die ihnen die literarischen Vorlagen aus Frankreich vermittelten und ihnen das teure Pergament und die Schreiber stellten, zu schweigen vom primitiven Lebensunterhalt. Von Wolframs Beziehungen zu solchen Kreisen wissen wir etwas mehr als im Fall Hartmanns oder Gotfrids. Sicher ist: die Quelle zu seinem ›Willehalm‹ verdankte Wolfram dem Thüringer Landgrafen Hermann I., dem größten Mäzen der höfischen Dichtung (*Wh.* 3, 8–9). Wir dürfen damit rechnen, daß der ›Willehalm‹ im Auftrag des Landgrafenhauses gedichtet ist. Für den ›Parzival‹ fehlt ein solcher Anknüpfungspunkt. Im Epilog deutet Wolfram an, daß er *durh ein wîp* sein Werk *volsprochen* habe und *süeziu wort* als Lohn erwarte (*Pz.* 827, 28–30). Die verschiedenen Deutungen dieser Verse bleiben jedoch ohne Gewähr. Landgraf Hermann wird auch im ›Parzival‹ (297, 16) und in einer umstrittenen ›Titurel‹-Strophe (*61) genannt, und man ist versucht, das ganze epische Werk an den Thüringer Hof zu versetzen. Dagegen spricht der gar nicht respektvolle Ton der ›Parzival‹-Stelle, die das unhöfische Treiben am Eisenacher Hof verspottet. Immerhin ergibt sich daraus, daß Wolfram schon während der Arbeit am VI. Buch des ›Parzival‹ die Verhältnisse in Thüringen aus eigener Erfahrung kannte, und vielleicht durfte sich ein favorisierter Dichter solche Spötteleien dort erlauben. Aber im XIII. Buch erwähnt er „neue Tänze", *der uns von Dürngen vil ist komn* (639, 12); danach ist dieser Teil der Dichtung nicht in Thüringen entstanden. Im übrigen ist man für den ›Parzival‹ auf ein paar Namen angewiesen, die nicht viel Konkretes hergeben: der Graf von Wertheim, die Markgräfin von Cham und der immer noch rätselhafte *hêr Heinrich von Rîspach* (297, 29 = Reisbach a. d. Vils zwischen Landshut und Passau?). Der Name Wertheim steht im IV. Buch. In den Büchern IV–VIII häufen sich auch die Lokalnamen aus der Eschenbacher Umgebung. Darf man daraus schließen, daß der erste Teil des ›Parzival‹ für ein Adelspublikum im fränkisch-bayrischen Grenzbereich gedichtet ist? War Poppo von Wertheim Wolframs erster Gönner?

Besonderes Interesse verdient die Erwähnung von Wildenberg. In die Beschreibung der Gralsburg mit ihren großen Ka-
minen flicht Wolfram ein: *sô grôziu fiwer sît noch ê sach niemen hie*
*ze Wildenberc* (*Pz.* 230, 12–13). Daraus ergibt sich, daß Wolfram
in Wildenberg war, als er das V. Buch des ›Parzival‹ dichtete.
Die weitere Deutung ist schwierig. Will Wolfram sagen, daß
gegenüber den Märchen-Kaminen der Gralsburg sogar die
stattlichen Feuerstellen zu Wildenberg klein sind, oder sagt er
nur: solche Kamine hat man hier noch nicht gesehen? Der
Wortlaut des Textes empfiehlt die zweite Deutung; aber wenn
Wildenberg der Sitz eines Gönners war, darf man erwarten,
daß Wolfram ihn lobend nennt. Vielleicht liegt in dem Namen
der Gralsburg, Munsalvaesche, eine weitere Anspielung auf
Wildenberg (*Munsalvæsche = mont sauvage = mons silvaticus =*
*Wildenberc*). Früher suchte man den Ort in dem Weiler Wehlen-
berg südlich von Wolframs-Eschenbach und glaubte dort Wolframs „Wohnsitz" gefunden zu haben. Die neuere Forschung
hat die These von ALBERT SCHREIBER akzeptiert, daß Wildenberg die romanische Prachtburg der Herren von Walldürn bei
Amorbach im Odenwald ist. Die Freiherrn von Durne waren
Nachbarn der Grafen von Wertheim; wenn Wolfram im Auftrag der Wertheimer dichtete, könnte er als Gast in Wildenberg gewesen sein. So ansprechend diese Verknüpfung ist, einen
strikten Beweis gibt es nicht. Rupert von Durne, den SCHREI-
BER für Wolframs wichtigsten Gönner hielt, ist urkundlich nur
bis 1197 bezeugt; und die Teile der Durneschen Burg, um derent-
willen sie zu den schönsten Denkmälern spätromanischer Archi-
tektur gezählt wird, sind erst in den zwanziger Jahren des
13. Jhs entstanden. Die altertümliche Wandinschrift *OWE*
*MVTER*, die wie ein Zitat aus dem ›Parzival‹ (119, 17) aus-
sieht, wird kaum von Wolfram dort eingemeißelt sein. So ist
auch hier noch vieles unsicher, und der einzige faktische An-
haltspunkt in der Gönnerfrage bleibt Wolframs Beziehung zum
Thüringer Hof.

4. BILDUNG. Wolframs Bildung gehört zu den umstrittensten
Problemen der Forschung. Das liegt an dem Doppelgesicht
des Dichters: er hat in seine Werke eine wirre Menge von
disparatem Wissensstoff hineingestopft, und gleichzeitig gibt
er sich als militanter Illiterat: *ine kan decheinen buochstap. dâ*
*nement genuoge ir urhap: disiu âventiure vert âne der buoche stiure* (*Pz.*
115, 27–30). Das kann heißen: ich bin kein Buchgelehrter (ana-
log zu *nescire litteras*), oder: ich kann weder lesen noch schrei-

6

ben. Der Unterschied verliert an Bedeutung, wenn man bedenkt, daß noch um 1200 die Fähigkeit, deutsche Worte in lateinischer Schrift aufs Pergament zu bringen, ohne vorher Latein gelernt zu haben, schwerlich weit verbreitet war. Im übrigen besteht Anlaß, den Dichter nicht wörtlich zu nehmen. Liest man die Verse nämlich in dem Zusammenhang, in dem sie stehen, so verlieren sie den Charakter einer Selbstoffenbarung und werden zum Trumpf in einer literarischen Fehde. Auch wo Wolfram sonst aus seiner Verachtung der Buchgelehrsamkeit kein Hehl macht, geht es meistens um Polemik gegen die bildungsbewußten Dichter vom Typ Hartmanns. Ob Wolfram lesen konnte, bleibt dabei offen. Wirnt von Gravenberg und Ulrich von Lichtenstein konnten es nicht und waren doch höfische Dichter. Auffallend ist, daß ihm in hundert Quellenberufungen nicht ein einziges *ich las* unterläuft, das er seinem Gewährsmann (*Pz.* 455, 9) und sogar seinem Publikum (*Pz.* 337, 3) ohne weiteres zugesteht. Wolfram beruft sich stets auf mündliche Übermittlung. Aber ist es möglich, daß er die theologischen, juristischen, medizinischen und naturwissenschaftlichen Spezialkenntnisse, die er in seiner Dichtung verarbeitet hat, als Analphabet erwerben konnte? Sind die Listen lateinischer Edelsteinnamen und arabischer Planetennamen ohne schriftliche Vorlagen denkbar? Früher hat man ihm einen „gelehrten Berater" zur Seite gestellt; heute glaubt man vielfach, daß er sich autodidaktisch das Notwendigste angeeignet habe. Darin aber herrscht Einigkeit: eine gelehrte, d. h. eine geistliche Erziehung hat Wolfram nicht genossen; denn bei ihm fehlt jede Spur der lateinischen Schulautoren. Sicher ist ferner, daß Wolfram Französisch konnte; unsicher wieder und umstritten, wie belesen er war in der französischen Literatur. Diese Frage ist heillos mit dem Quellenproblem des ›Parzival‹ verquickt: die an Kyot glauben, wollen seine Kenntnisse auf zwei oder drei Texte beschränken, die er mühsam und fehlerhaft ins Deutsche gestoppelt habe; die Kyot-Gegner trauen ihm meistens mehr zu. Niemand kann jedoch bezweifeln, daß Wolfram ausgezeichnet in der deutschen Literatur Bescheid wußte. Als seinen Meister preist er Heinrich von Veldeke (*Pz.* 292, 18. 404, 29. *Wh.* 76, 25); zu Hartmann von Aue stand er in kritischer Distanz (*Pz.* 143, 21), obwohl er ihm nicht wenig verdankte; Walther von der Vogelweide nennt er einmal beipflichtend (*Pz.* 297, 24), ein andermal beißend scharf (*Wh.* 286, 19); Neidhart von Reuental erwähnt er mit gemütlichem Spott (*Wh.* 312, 12). Außerdem kannte und benutzte er Lamprechts ›Alexander‹, das ›Rolandslied‹, die ›Kaiserchronik‹, Eilharts ›Tristrant‹, den Stoff des ›Lancelot‹ und des ›Cligès‹, das ›Nibelungenlied‹ (vermutlich die C-Fassung) und andere Heldensagen. Wie weit seine Kenntnis in die frühmittelhochdeutsche Geistlichendichtung zurückreichte, ist nicht sicher. Zu dem größten seiner Zeitgenossen, Gotfrid von Straßburg, stand er in einem Verhältnis, das von Wolframs Seite durch Abneigung, von der anderen durch Haß und Verachtung gekennzeichnet war. Durch den ganzen ›Parzival‹ und bis hinein in den ›Willehalm‹ ziehen sich die Stellen, die man mit mehr oder weniger Recht als Zeugnisse der Fehde in Anspruch genommen hat. Offenbar war Wolfram der Angegriffene, der sich zuerst aggressiv, später immer ruhiger und selbstbewußter und nie ohne einen Schuß bitteren Humors verteidigte. Es ging um die Prinzipien ihrer Kunst, um die Gesetze der dichterischen Rede und Darstellung; und es ist faszinierend, mit welcher Klarheit die größten Dichter sich in ihrer fundamentalen Gegensätzlichkeit erkannten und wie dabei das Bewußtsein ihres eigenen künstlerischen Wesens wuchs. Beide beriefen sich auf Veldeke, aber Wolfram war der Außenseiter, der von der klaren Linie Veldeke–Hartmann–Gotfrid abgewichen ist und dafür als Verderber der höfischen Sprachästhetik angeprangert wird. Er ist der Barbar unter den Gelehrten, und er weiß es. Er wehrt sich, indem er die ganze Buchweisheit zum Abfall wirft, seine Unbildung zum Programm erhebt und sich auf den vom Schöpfer-Geist inspirierten *sin* als Quelle seiner Kunst beruft (*Wh.* 2, 16–22).

5. WIRKUNG. Überraschend schnell wurde der Außenseiter zum literarischen Muster, zum leidenschaftlich nachgeahmten Stilvorbild. Auch Hartmann und Gotfrid haben im 13. Jh. „Schule" gemacht, aber keiner hat so in die Breite (abzulesen an der Zahl der erhaltenen Handschriften) und in die Tiefe (abzulesen an dem Einfluß auf spätere Dichter) gewirkt. Einen Begriff von der revolutionären Kraft seines Stils gibt das Verhalten des epigonalen Zeitgenossen Wirnt von Gravenberg, der, nachdem er die Hälfte seines ›Wigalois‹ in Hartmannscher Manier gedichtet hatte, unter dem Eindruck der ersten ›Parzival‹-Bücher zur Nachahmung Wolframs überging und ihn begeistert feierte: ... *her Wolfram, ein wîse man von Eschenbach; sîn herze ist ganzes sinnes dach; leien munt nie baz gesprach* (ed. KAPTEYN, 6343–46). Der letzte Vers ist zum Allgemeinbesitz der Wolframverehrer geworden. Um die Mitte des 13. Jhs haben Ulrich von dem Türlin und Ulrich von Türheim den ›Wille-

halm‹ nach ihrem Geschmack vollendet. Etwas später erschien
der ›Jüngere Titurel‹ unter Wolframs Namen und hat bis zur
Romantik als Wolframs Hauptwerk gegolten. Im 14. Jh. wurde
der ›Parzival‹ von Claus Wisse und Philipp Colin um 37 000
Verse erweitert. Im 15. Jh. hat ihn Ulrich Füetrer in sein ›Buch
der Abenteuer‹ aufgenommen. Inzwischen war Wolfram längst
zu einer Legendengestalt geworden: als Teilnehmer des berühmten Sängerwettstreits am Thüringer Landgrafenhof. Der
›Wartburgkrieg‹, dessen älteste Teile ins 13. Jh. gehören, läßt
ihn gegen sein eigenes Produkt, den Zauberer Clinschor aus
dem ›Parzival‹ ansingen und schließlich gar den Teufel überwinden. Seit dem 14. Jh. galt Wolfram als einer der zwölf alten
Meister, als Mitbegründer des Meistergesangs.

Um 1500 bricht die Textüberlieferung ab. Sein Name und
sein Ruhm blieben zwar lebendig, aber durch zweieinhalb Jahrhunderte sind Wolframs Werke kaum gelesen worden. Erst
BODMER hat den ›Parzival‹ in einer Hexameter-Übersetzung
wieder zugänglich gemacht: »Der Parcival, ein Gedicht in Wolframs von Eschilbach Denkart, eines Poeten aus den Zeiten Kaiser Heinrichs VI.« (Zürich 1753). BODMERS Schüler CHRISTIAN
HEINRICH MÜLLER besorgte den ersten Textabdruck (1784).
Die moderne Wolframforschung begann mit KARL LACHMANN,
der im Winter 1819/20 einen Vortrag »Über den Inhalt des Parzival« hielt (gedruckt im AfdA 5, 1879, S. 289–305). 1833 erschien seine für die ganze Germanistik richtungweisende kritische Wolfram-Ausgabe.

LITERATUR:

*Leben:*

JOHANN G. BÜSCHING, Wolfram von Eschenbach, sein Leben und
   seine Werke, Museum f. Adt. Lit. u. Kunst 1, 1809, S. 1–36.
ANDREAS SCHMELLER, Über Wolframs von Eschenbach, des altdt.
   Dichters, Heimat, Grab und Wappen, Abhlgg. d. philos.-philol.
   Cl. der Kgl. Bayer. Akad. d. Wiss. 2, 1837, S. 191–208.
KARL HELM, Wolframs Grab und die Heimatfrage, Beitr. 35, 1909,
   S. 323–329.
JOHANN B. KURZ, Heimat und Geschlecht Wolframs von Eschen-
   bach, 1916, ²1930 unter dem Titel: W. v. E., Ein Buch vom größ-
   ten Dichter des dt. Mittelalters (dazu: FRIEDRICH VON KLOCKE,
   Zur Familiengeschichte Wolframs von Eschenbach und seines
   Geschlechtes, Familiengeschichtl. Bll. 28, 1930, S. 5–20).
ALBERT SCHREIBER, Neue Bausteine zu einer Lebensgeschichte Wolf-
   rams von Eschenbach, 1922 (Rez.: FRIEDRICH RANKE, AfdA 45,
   1926, S. 9–14).

WALTER HOTZ, Burg Wildenberg im Odenwald. Ein Herrensitz der Hohenstaufenzeit, 1963.

*Bildung:*

CARL VON KRAUS, Die *latinischen buochstabe* der ›Klage‹ V. 2145 ff., Beitr. 56, 1932, S. 60–74.

BLANKA HORACEK, *Ichne kan deheinen buochstap*, in: Festschr. für DIETRICH KRALIK, 1954, S. 129–145.

EDWIN H. ZEYDEL, Wolfram von Eschenbach und *diu buoch*, Euph. 48, 1954, S. 210–215.

HANS EGGERS, *Non cognovi litteraturam* (zu ›Parzival‹ 115, 27), in: Festg. für ULRICH PRETZEL, 1963, S. 162–172.

Weitere Literatur S. 18 ff., bes. MARTINS Einleitung zum ›Parzival‹-Kommentar, EHRISMANNS Literaturgeschichte und EDUARD HARTL im Verfasserlexikon. Literatur zur Wolfram-Gotfrid-Fehde S. 71.

# II. DAS WERK

1. ÜBERBLICK. Wolfram hat über 40000 Verse gedichtet, mehr als irgendein deutscher Dichter vor ihm. Nach ihm wurde diese Quantität freilich bald übertroffen (von Rudolf von Ems, dem Stricker u. a.). Wie Veldeke und Hartmann hat Wolfram die höfische Liedkunst neben der epischen Sprechdichtung gepflegt. Nur ein Epos ist vollendet, der ›Parzival‹ (24810 Verse; eigentlich sind es 24812 Verse, der 257. Dreißiger hat in LACHMANNS Ausgabe 32 Verse), die beiden anderen sind Fragmente geblieben: der ›Willehalm‹ ein Torso von 13988 Versen, der ›Titurel‹ zwei lose Stücke von zusammen 170 Strophen. Vom Thema her gehören ›Parzival‹ und ›Titurel‹ eng zusammen; beide erzählen von den Schicksalen der Gralfamilie. Der ›Willehalm‹ dagegen ist ein Stück französischer Heldenepik.

2. CHRONOLOGIE. Die Reihenfolge der Werke war lange umstritten. LACHMANN hatte geordnet: Lieder – ›Parzival‹ – ›Titurel‹ – ›Willehalm‹ und hat damit die meiste Zustimmung gefunden. Im ›Willehalm‹-Prolog wird der ›Parzival‹ erwähnt (*Wh.* 4, 20); daraus ergibt sich die Abfolge ›Parzival‹ – ›Willehalm‹. Schwerer sind die Lieder und der ›Titurel‹ einzureihen. Eins der Lieder (no III) gehört in die Nähe der „Selbstverteidigung"; aber gerade dieses Lied steht ziemlich isoliert, und nur auf Grund allgemeiner Erwägungen neigt man dazu, die Lieder insgesamt vor oder neben die erste Hälfte des ›Parzival‹ zu setzen. Der ›Titurel‹, den FRANZ PFEIFFER für eine „Jugend-

arbeit" hielt, wird heute meistens an das Ende von Wolframs Schaffenszeit gerückt, zwischen Buch VIII und IX des ›Willehalm‹ (HELM) oder hinter den ›Willehalm‹ (LEITZMANN). Das Hauptargument für die Spätdatierung sind zwei Namen, *Ahkarîn* und *Berbester*, die der ›Titurel‹ mit dem ›Willehalm‹ teilt. Sie stammen aus der französischen ›Willehalm‹-Quelle und beweisen, daß der ›Titurel‹ erst entstanden ist, nachdem Wolfram die Vorlage zum ›Willehalm‹ erhalten hatte. Dazu kommt der heidnische Kaisertitel *admirât*, der im letzten Buch des ›Willehalm‹ eingeführt und erklärt wird (434, 1 ff.) und in derselben Bedeutung im ›Titurel‹ erscheint (93, 2). Mit welchem Recht der Dichter des ›Jüngeren Titurel‹ behauptet, daß Wolfram über der Vollendung des ›Titurel‹ gestorben sei, steht dahin.

Die absolute Chronologie der Werke muß aus den Anspielungen auf aktuelle Ereignisse und Persönlichkeiten gewonnen werden. Die wichtigste Stelle, auf der praktisch die gesamte Chronologie der Blütezeit basiert, steht im VII. Buch des ›Parzival‹ (bei der Beschreibung des von Pferden zerstampften Schlachtfeldes vor der belagerten Stadt Bearosche): *Erffurter wîngarte giht von treten noch der selben nôt: maneg orses fuoz die slâge bôt* (379, 18–20). Im Frühjahr 1203 war König Philipp von Schwaben in Thüringen eingefallen, mußte sich aber bald vor den mächtigen Verbündeten des Landgrafen in die Feste Erfurt zurückziehen, wo er im Juli des Jahres belagert wurde. Philipp entkam jedoch, und die Belagerung wurde aufgehoben. Der Krieg endete im September 1204 mit der Unterwerfung des Landgrafen. Die ›Parzival‹-Stelle ist somit nach dem Juli 1203 entstanden. Die weitere Interpretation hängt an dem Wort *noch*. Wenn Wolfram damit sagen will, daß man „noch" in dem Augenblick, als er die Verse dichtete, die Spuren der Belagerung sehen konnte (das würde bedeuten, daß er selber am Thüringer Krieg beteiligt war, sei es auf seiten Hermanns oder Philipps), so müssen sie vor der Wiederbestellung der verwüsteten Weinberge im Herbst 1203 oder wahrscheinlicher im Herbst 1204 geschrieben sein, denn vor dem Friedensschluß von Ichtershausen im September dieses Jahres war an einen geregelten Weinbau in Thüringen sicher nicht zu denken. Daraus ergäbe sich, daß der kleinere Teil des ›Parzival‹ (Buch I–VI oder wenigstens III–VI, siehe S. 27) vor 1203/04 entstanden ist, der größere Teil danach. Dem widersprechen auch die übrigen Anhaltspunkte nicht. Für Buch VIII erlaubt die Erinnerung an die Vohburger Markgräfin (403, 30ff.) eine Datierung nach 1204. Dasselbe Datum bezeugt für Buch XI eine Anspielung auf die früheren Reichtümer Griechenlands (563, 8 ff.), die die Plünderung Konstantinopels im April 1204 vorauszusetzen scheint. Für den Anfang der Arbeit am ›Parzival‹ gibt es kein sicheres Datum. Im V. Buch wird der verödete *anger ʒ'Abenberc* erwähnt (227, 13), was mit dem Aussterben des Abenberger Grafenhauses „um 1200“ in Verbindung gebracht wird. Die Anspielung auf Hartmanns ›Iwein‹ ist chronologisch unergiebig, weil die ›Iwein‹-Datierung ebenfalls auf den Erfurter Weingärten beruht. Auch die Namen *Zazamanc* (16, 2) und *Azagouc* (27, 29) im I. Buch ergeben, falls sie dem ›Nibelungenlied‹ entlehnt sind, keinen klaren Terminus post quem. Für den Abschlußtermin des ›Parzival‹ sind die verwickelten chronologischen Beziehungen zu Gotfrids ›Tristan‹ wichtig (siehe S. 28); eindeutige Jahreszahlen sind aber auch auf diesem Weg nicht zu gewinnen. Wenn man annimmt, daß der ›Parzival‹-Text mehrfach überarbeitet wurde, entfallen überhaupt alle Anhaltspunkte, weil dann jeweils die Möglichkeit späterer Interpolation besteht. Zwischen 1200 und 1210 ist der übliche und der wahrscheinlichste Ansatz für den ›Parzival‹.

Die zeitliche Fixierung des ›Willehalm‹ macht noch mehr Schwierigkeiten. Die spöttische Erinnerung an die Kaiserkrönung Ottos IV. (393, 30 ff.) im Oktober 1209 konnte sich ein Dichter in Deutschland wohl erst nach 1212 erlauben. In demselben Jahr wurde angeblich der *drîboc* zum erstenmal benutzt, eine neue Belagerungsmaschine, die im ›Willehalm‹ erwähnt wird (111, 9. 222, 17). Die weitere Datierung hängt an dem Namen des Landgrafen Hermann von Thüringen. Im Prolog (3, 8–9) nennt Wolfram ihn als Vermittler seiner französischen Vorlage. Im letzten Buch gedenkt er der Freigebigkeit, die der Landgraf *al sîn leben* bewiesen habe (417, 22 ff.). Hermann ist am 25. April 1217 gestorben. Das bedeutet, daß der ›Willehalm‹ zwischen 1212 und 1217 begonnen und nach 1217 abgebrochen worden ist. Einen sicheren Terminus ad quem gibt es nicht. Man hat Wolframs Zögern am Ende des VIII. Buchs (402, 18 ff.) mit dem Tod des Landgrafen in Verbindung gebracht; dann würde der Abbruch der Arbeit nicht lange nach 1217 anzusetzen sein. Aber es gibt auch Anhaltspunkte dafür, daß die Arbeit sich bis ins dritte Jahrzehnt des 13. Jhs hinzog. – Für die Datierung des ›Titurel‹ kommt nur die Strophe *61 (in MARTINS Ausgabe 82 a) in Frage, deren Echtheit nicht unbestritten ist. Darin wird die Tugend des Landgrafen Hermann nach seinem Tod gepriesen. Die Strophe ist jedenfalls nach 1217 gedichtet, und wenn sie echt ist, ist der ›Titurel‹ nach 1217 entstanden. Wie lange danach, bleibt unsicher.

3. SPRACHE. Wolframs Sprache wirkt eigenwilliger und ungepflegter als die seiner höfischen Zeitgenossen. Der Einfluß der gesprochenen Mundart zeigt sich in den Dialektreimen *stuonden : gebunden* (*Pz.* 181, 11), *gewuohs : fuhs* (*Wh.* 61, 7) usw., die früher bald als thüringisch, bald als bayrisch gewertet wurden. Die heute geltende Ansicht faßt EDUARD HARTL zusammen: „Seine Sprache ist fränkisch mit bairischen Eigenheiten" (Verf. Lex. IV, Sp. 1089). Aber manche Dialektformen bleiben noch ungeklärt und verdienen eine neue Untersuchung.

Am besten erforscht ist Wolframs Wortschatz. Den weiten Abstand zu Hartmanns Sprachideal der *mâze* lassen ausgefallene Neubildungen wie *gampelsite, mangenswenkel, strâlsnitec, duzenlîche, selpschouwet* usw. erkennen, die Gotfrid als *bickelwort* (ed. RANKE, 4641) verspottet hat. „Unhöfisch" ist auch Wolframs Vorliebe für den Wortschatz der Heldendichtung. Er gebraucht *recke*, das bei Hartmann und Gotfrid fehlt, ohne Anstoß; ebenso *ellen, künne, urliuge, verch, dürkel, snel, veige* usw. Die Verteilung einiger Wörter deutet darauf, daß Wolfram ihren Gebrauch während der Arbeit eingeschränkt hat. Das beste Beispiel ist das Kriegerwort *degen*, das im ›Parzival‹ 65mal vorkommt, im ›Willehalm‹ und im ›Titurel‹ nie. Ähnlich verhalten sich *wîgant, balt, gemeit, mære, vrech*. Andere Wörter (*ecke, gêr, hervart, wal, verschrôten*) werden umgekehrt im ›Willehalm‹ häufiger; das erklärt sich wohl z. T. aus der Thematik der Kreuzzugsdichtung, ist aber auch eine Warnung: nicht immer läßt sich die Zahl der Belege im Sinn einer künstlerischen Entwicklung deuten.

Gleichzeitig hat Wolfram wie kein anderer seine Dichtung dem Einstrom französischer Wörter geöffnet, und er ist oft dafür getadelt worden („dem heutigen Geschmack... kaum erträglich", EDMUND WIESSNER). Viele neue Begriffe des ritterlichen Lebens begegnen bei ihm zum erstenmal: *glævîn, zimierde, kurteis, topeln* usw. Wichtiger als der sachliche Zwang zur Neubezeichnung war wohl in vielen Fällen die Freude am fremdartigen Klang der Wörter; jedenfalls findet sich viel Ausgefallenes unter Wolframs Entlehnungen: *agraz, kapûn, passâsche, ribbalt, alûnen* usw. Diese Neigung bezeugen auch seine eigenen französischen Kreationen, die die Gesetze der romanischen Wortbildung unbekümmert mißachten: *sarapandratest* „Drachenkopf", *schahtelakunt = burcgrâve, ulter juven poys = über hôhe stûden*, und die zahlreichen selbstgebildeten Namen: *Condwîrâmûrs, Feirefîz, Munsalvæsche* usw. – Eine wichtige Rolle hat Wolfram bei der Vermittlung der flandrisch-niederrheinischen Wörter gespielt, die zusammen mit dem französischen Lehngut in die hochdeutsche Dichtersprache aufgenommen wurden. Ebenfalls aus dem Nordwesten stammt offenbar eine Gruppe von Adjektiven: *gehiure, klâr, kluoc, wert*, die bei Wolfram und durch ihn zu wichtigen Epitheta der ritterlichen Menschendarstellung geworden sind.

4. METRIK. Wenn man Wolfram „Gleichgültigkeit gegen die poetische Form" (EHRISMANN) vorwirft, denkt man in erster Linie an die wenig sorgfältige Behandlung von Reim und Vers. Er hat sich konsonantisch ungenaue Reime gestattet (z. B. *schilt : sint*) und Vokale verschiedener Quantität häufig miteinander gebunden. Auf die Reinheit des Reims kam es ihm offenbar weniger an als auf den Klangeffekt. Bei Wolfram findet man eine Fülle ausgefallener Reimtypen: *-axe, -âschen, -æger, -änsel, -erhe, -ickel, -iersen, -obst, -ôntes, -urch, -üppe* usw., die seinen Versschlüssen oft einen exotischen Ton verleihen. Daß er allein im ›Parzival‹ daneben 123mal *wîp : lîp* reimt, steht nur scheinbar im Gegensatz dazu: die Paarung des Banalen mit dem Ungewöhnlichen ist ein wesentliches Mittel seiner Stilkunst.

Wolframs Verse sind nicht selten „überfüllt" und lassen sich manchmal kaum noch in das Schema des höfischen Vierhebers pressen. LACHMANN hat deswegen die Wörter überall gekürzt (z. T. nach dem Vorbild der St. Galler ›Parzival‹-Handschrift), und sein Text liest sich vielfach wie eine Geheimschrift mit all den *dr, dz, dn, de, dês, dêr, êst, err, i'n, mi'n* und den zahllosen um ein *-e-* amputierten Wörtern: *wünn, tepch, bêd, sâbnts, fürht, glihen* usw. An einigen Stellen hat LACHMANN aus metrischen Gründen gegen alle Handschriften geändert (z. B. *Pz.* 112, 24); trotzdem stehen auch in seiner Ausgabe Verse, die sich am leichtesten vierhebig klingend („weiblich voll" nach HEUSLERS Terminologie) lesen lassen (z. B. *Pz.* 810, 29–30). Ob Wolfram solche Lesung „zugelassen" hat, ist umstritten. Sicher ist aber, daß an einigen Stellen der Rahmen des Kurzverses mutwillig gesprengt ist, bes. in den barocken Listen der von Parzival und Feirefiz besiegten Gegner (*Pz.* 770 und 772). Mit großer Kunst hat Wolfram das Schema des zweisilbigen Takts variiert und die verschiedene Sprechgeschwindigkeit der stark oder schwach gefüllten Takte zu einem Ausdrucksmittel von bedeutender Kraft entwickelt. Häufig sind Eigennamen durch einsilbige Takte gedehnt, beim ersten Nennen, um sie den Hörern einzuprägen, oder sonst an besonderen Stellen: *Jéschûtè, Líschòys gwéljùs* usw.; berühmt ist Parzivals viertaktiger Sehnsuchtsruf: *Cóndwîrâmûrs!* (283, 7). – Wohl die auffälligste metrische Eigenheit ist Wolframs Enjambement, das Aufbrechen des metrischen Rahmens durch die Syntax. Der Satz überspielt dabei die Versgrenze und endet meistens mit einem Verbum im ersten Takt des folgenden Verses: *swâ mans âne schilte | traf, dâ spürte man diu swert* (*Wh.* 20, 18–19). Der abgetrennte Satzteil tritt stark heraus, und das Gehörserlebnis des Viertakters geht beinah ganz verloren. In vielen Fällen unterstreicht diese Rhythmik die Darstellung; es geht meistens um „ein Aufreißen von Gegensätzen oder einen Zusammenschluß von ursprünglich Getrenntem" (BLANKA HORACEK).

5. STIL. Von den Zeitgenossen wurde Wolframs Dichtung in erster Linie als Stilphänomen gewertet; und daran schieden sich die Geister. Neben Gotfrids Polemik gegen den *vindære wilder mære* (4665) und seine trügerisch-dunkle Unverständlichkeit, die der

*tiutære* (4684) bedarf, steht Wirnts enthusiastisches: *leien munt nie baz gesprach*. Eine Generation später hat der Gotfrid-Schüler Rudolf von Ems mit den Augen des Meisters, aber ohne dessen schroffe Ablehnung, Wolframs Stil charakterisiert: *starc, in mange wîs gebogn, wilde, guot und spæhe, mit vremden sprüchen wæhe* (›Alexander‹, ed. JUNK, 3130–32). Hier beginnt bereits die Einordnung in ein festes Stilmodell, die „geblümte Rede" des Spätmittelalters.

So eindeutig und unverwechselbar Wolframs Stileigentümlichkeiten sind, so beharrlich hat sich sein Stil als Gesamtphänomen der Interpretation entzogen. Das liegt wohl hauptsächlich daran, daß seine „dunkle" Stilmanier, die so stark auf die Nachahmer gewirkt hat, sich eigentümlich mit einer schlichten, unkomplizierten Ausdrucksweise paart, daß also verschiedene Stiltendenzen nebeneinander stehen, deren Wurzel offenbar nicht ein definierbares „Stilideal" ist (wie es für die gelehrten Dichter maßgebend war), sondern die einmalige und widersprüchliche Individualität des Dichters. So sind auch die Versuche, Wolframs Stil durch die Einordnung in eine vorgeprägte Stiltradition zu erfassen, zu gänzlich entgegengesetzten Resultaten gelangt. Einerseits hat man Wolfram in die volkstümliche Tradition der Heldenepik und Spielmannsdichtung gestellt und je nach dem Gesichtspunkt seinen Stil entweder als „germanisch" charakterisiert oder den Akzent auf die mündliche Stilform gelegt. Diesem Bereich werden die zahlreichen formelhaften Ausdrücke zugerechnet, die Quellenberufungen, rhetorischen Fragen, Anreden sowie eine Reihe von altertümlichen Wortstellungen (*der suon Arnîven; her daz grôze; die dînen nôt*), der sog. Nominativ pendens, der Gebrauch des Präsens historicum, der Mangel an verbindenden Konjunktionen, der unvermittelte Übergang von indirekter Rede in direkte, und vor allem eine große Zahl von syntaktischen Freiheiten, die in der lebendigen Rede vorkommen, aber von den bildungsbewußten Dichtern gemieden werden: Inkongruenzen von Numerus und Modus, Kontaminationen, Parenthesen, Konstruktionen $\grave{\alpha}\pi\grave{o}$ $\varkappa o\iota\nu o\tilde{v}$, Ellipsen, Anakoluthe und vieles mehr. Es ist richtig, daß die Bauform von Wolframs Sätzen sich oft erst beim mündlichen Vortrag erschließt; aber man macht auch die merkwürdige Beobachtung, daß die Häufung von volkstümlich-mündlichen Stilelementen einen Stil hervorgebracht hat, der gar nicht volkstümlich wirkt. So hat man anderseits Wolframs Stil mit der Tradition des Asianismus verknüpft, mit dem „trobar clus" der Provenzalen. Dabei denkt man an seine Neigung zum Ungewöhnlichen und Abliegenden und vor allem an den schweren Schmuck seiner poetischen Sprache. Das betrifft die zahlreichen Umschreibungen, durch die die Grenze zwischen Abstraktem und Konkretem, zwischen Begriff und Anschauung aufgehoben wird; das betrifft ferner die Hyperbeln, Wiederholungen, Worthäufungen und die Fülle von oft ausgefallenen und sich gegenseitig überschneidenden Metaphern, Bildern und Vergleichen, die ein unverkennbares Merkmal seiner Dichtersprache sind. LUDwig Bock hat auf die Bedeutung der Metaphern aus dem ritterlichen Leben hingewiesen. In dieselbe Richtung zielt die Jagd- und Spielmetaphorik, die zahlreichen Bilder aus der Kaufmanns- und Rechtssprache. Allen gemeinsam ist das (friedliche oder feindliche) Gegenübertreten von zwei Partnern, die miteinander streiten, spielen, handeln, die sich verfolgen, suchen, jagen, treffen und dadurch eine ständige Bewegung schaffen, auf der die Dynamik von Wolframs Bildersprache beruht. Selbst wo er nur einen Gegenstand mit einem anderen vergleicht, greift er oft zum Abgelegensten, und der Vergleich dient weniger der Veranschaulichung des Verglichenen als vielmehr der Erzeugung einer humoristischen Spannung zwischen gegensätzlichen Bereichen.

Sowohl die volkstümlich-mündlichen Stilelemente wie die dunkelbildhafte Manier stehen in engster Beziehung zur Subjektivität von Wolframs Stil. In ganz ungewohnter Weise drängt sich das dichterische Ich hervor, anredend, kommentierend, von sich erzählend, Beziehungen stiftend, auf Nahes und ganz Fernes verweisend. Die epische Funktion dieses erzählenden Subjekts beschränkt sich nicht darauf, Mediator zwischen Stoff und Publikum zu sein. Es wechselt seinen Standort scheinbar beliebig, bald tritt es augenzwinkernd in einen Komplott mit den Hörern, bald nimmt es die Erzählung gegen die Neugierde des Publikums in Schutz, tut geheimnisvoll und unergründlich, spielt mit den Erwartungen der Hörer, narrt sie mit dunklen Anspielungen und falschen Fährten, prüft ihre Aufmerksamkeit und scheint sich über ihre Hilflosigkeit zu amüsieren. So wird durch die subjektive Erzählweise der Zugang zur Dichtung zugleich geöffnet und versperrt, und auf den epischen Zusammenhang wirkt diese Technik gelegentlich beinahe katastrophal, da sie die fortlaufende Handlung durch Einschübe, Anspielungen, Fragen usw. zerreißt und mutwillig die schön geordnete Erzählfolge der Vorlage in ein scheinbares Chaos verwandelt. Gerade darin offenbart sich die wesentliche Ausdrucksform von Wolframs Subjektivität, sein Humor, der alle Spielarten vom derben erotischen Witz und Küchenscherz bis zu den sublimsten Formen beherrscht. Wolframs Humor ist weit mehr als die Zugabe eines witzigen Temperaments; er ist das konstituierende Element seines Stils. Es scheint ein destruktiver Humor zu sein, der aus Gegensätzen lebt, Verwandtes auseinanderreißt und Unvereinbares zusammenbindet. Aber nach Max Wehrlis Beobachtungen „ist der Humor für den Dichter selbst das Sprungbrett, das ihm erlaubt, Distanz vom *mære* und den Quellen zu gewinnen, der Subjektivität seines Wesens habhaft zu werden und das Erzählen selber als einen Vorgang dichterischen Abenteuers zu erfahren. Gemildert zum Ton des geselligen Scherzes schließt er Dichter, Publikum und Erzählung wieder zusammen in der Menschlichkeit einer neu erworbenen oder bestätigten Gemeinschaft" (DU 6, Heft 5, S. 28).

LITERATUR:

*Chronologie:*

KARL HELM, Die Entstehungszeit von Wolframs ›Titurel‹, ZfdPh. 35, 1903, S. 196–203.

LUDWIG WOLFF, Chronologisches zu Wolfram, ZfdA 61, 1924, S. 181 bis 192.

WERNER SCHRÖDER, Zur Chronologie der drei großen mittelhochdeutschen Epiker, DVjs. 31, 1957, S. 264–302.

*Sprache, Stil:*

OSKAR JAENICKE, De dicendi usu Wolframi de Eschenbach, Diss. Halle 1860.

PAULUS T. FÖRSTER, Zur Sprache und Poesie Wolframs von Eschenbach, Diss. Leipzig 1874.

KARL KINZEL, Zur Charakteristik des Wolframschen Stils, ZfdPh. 5, 1874, S. 1–36.

GOTTHOLD BÖTTICHER, Über die Eigenthümlichkeiten der Sprache Wolframs, Germania 21, 1876, S. 257–332.

CHRISTIAN STARCK, Die Darstellungsmittel des Wolframschen Humors, Progr. Schwerin 1879.

LUDWIG BOCK, Wolframs von Eschenbach Bilder und Wörter für Freude und Leid, Straßburg/London 1879 (die beste Arbeit über Wolframs Metaphorik).

KONRAD ZWIERZINA, Beobachtungen zum Reimgebrauch Hartmanns und Wolframs, in: Abhandlungen zur germ. Philologie, Festg. für RICHARD HEINZEL, 1898, S. 437–511 (Rez.: FRIEDRICH PANZER, ZfdPh. 33, 1901, S. 123–138).

DERS., Mittelhochdeutsche Studien, ZfdA 44, 1900, S. 1–116, 249 bis 316, 345–406; 45, 1901, S. 19–100, 253–313, 317–419.

FRIEDRICH DAHMS, Die Grundlagen für den Stil Wolframs von Eschenbach, Diss. Greifswald 1911.

HARRO D. JENSEN, Wolfram und sein Werk, Der Stil des ›Parzival‹ als Ausdruck der Persönlichkeit Wolframs und seiner Anteilnahme am Geschehen der Handlung, Diss. Marburg 1927.

MAX WEHRLI, Wolframs Humor, in: Überlieferung und Gestaltung, Festg. für THEOPHIL SPOERRI, 1950, S. 9–31

BLANKA HORACEK, Zur Wortstellung in Wolframs ›Parzival‹, Österr. Akad. der Wiss., phil.-hist. Kl., Anzeiger 89, 1952, S. 270–299.

DIES., Die Kunst des Enjambements bei Wolfram von Eschenbach, ZfdA 85, 1954/55, S. 210–229.

EDWIN R. LIPPKA, Zum Stilproblem in Wolframs ›Parzival‹, JEGP 62, 1963, S. 597–610.

OTTO SPRINGER, Playing on Words: A Stilistic Note on Wolfram's ›Titurel‹, Research Studies 32, 1964, S. 106–124.

DERS., Etymologisches Spiel im ›Parzival‹, Beitr. 87 (Tüb.), 1965, S. 166–181.

# III. BIBLIOGRAPHIE

## A. AUSGABEN:

Die grundlegende kritische Gesamtausgabe, auf der alle späteren aufbauen (und nach der Wolframs Text, mit Ausnahme der Lieder, in diesem Bändchen zitiert wird), stammt von KARL LACHMANN, 1833, [2]1854 (besorgt von MORIZ HAUPT), [3]1872 (von DEMS.), [4]1879 (von KARL MÜLLENHOFF), [5]1891 (von KARL WEINHOLD), [6]1926 (von EDUARD HARTL), [7]1952 (von DEMS.); von der 7. Ausg. ist nur der 1. Band erschienen, enthaltend Lieder, ›Parzival‹, ›Titurel‹ (Rez.: WERNER WOLF, AfdA 67, 1954/55, S. 61–71). – Von PAUL PIPERS Ausgabe, 3 Teile in 4 Bden (Kürschners Dt. Nat.-Litt. 5), 1890–1893, ist noch heute der 1. Teil (»Einleitung: Leben und Werke«) brauchbar. – ALBERT LEITZMANNS Ausgabe, 5 Hefte (Adt. Textbibl. 12–16), 1902 bis 1906 (Heft 1: [7]1961; H. 2: [6]1963; H. 3: [5]1960; H. 4: [4]1958; H. 5: [5]1963) bietet in mancher Beziehung den besten heute erreichbaren Text.

›Parzival‹ und ›Titurel‹ wurden herausgegeben von KARL BARTSCH, 3 Bde (Dt. Classiker des MAs 9–11), 1870–1871, [4]1927 bis 1932 (besorgt von MARTA MARTI, mit Wort- und Sacherklärungen); und von ERNST MARTIN, 2 Bde (Germ. Handbibl. 9), 1900–1903 (der 2. Bd enthält den einzigen wissenschaftlichen ›Parzival‹-Kommentar, der vielfach veraltet, aber unentbehrlich ist).

Es gibt zahlreiche Auswahl-Ausgaben, vor allem des ›Parzival‹. Textkritischen Wert besitzt die von EDUARD HARTL, 1951 (Adt. Übungstexte 12).

Wolframs Lieder sind in mehreren Anthologien mittelhochdeutscher Lyrik ediert. Die maßgebende Ausgabe (nach der hier zitiert wird) ist jetzt: Deutsche Liederdichter des 13. Jhs, hrsg. von CARL VON KRAUS, Bd I: Text, 1952; Bd II: Kommentar, bes. von HUGO KUHN, 1958 (Wolfram: I, 596–604; II, 646–707).

## B. ÜBERSETZUNGEN:

Aus der großen Zahl von ›Parzival‹-Übersetzungen seien nur die einflußreichsten genannt: von SAN-MARTE (A. SCHULZ, 1836, [3]1887); KARL SIMROCK (1842; zahlreiche Auflagen); GOTTHOLD BÖTTICHER (1885, [3]1906); WILHELM HERTZ (1898; wohlfeile Ausg. 1930); WILHELM STAPEL (in Prosa, 1937; Neudr. 1964); FRIEDRICH KNORR und REINHARD FINK (1940); s. ULRICH PRETZEL, Die Übersetzungen von Wolframs ›Parzival‹, DU 6, 1954, Heft 5, S. 41–64. Dazu kommt: GOTTFRIED WEBER, Wolfram von Eschenbach, ›Parzival‹, Text, Nacherzählung, Worterklärungen [letztere von WERNER HOFFMANN], 1963. Erwähnung verdienen die ausgezeichnete Übersetzung ins Französische von ERNEST TONNELAT (Paris 1934) und die neue Übersetzung ins Englische von HELEN M. MUSTARD und CHARLES E. PASSAGE (New York 1961; dazu: ARTHUR T. HATTO, ›Parzival‹ English, GLL 15, 1961/1962, S. 28–36).

Der ›Willehalm‹ wurde übertragen von SAN-MARTE (A. SCHULZ, 1873); REINHARD FINK und FRIEDRICH KNORR (1941; mit z. T. groben Übersetzungsfehlern). Der ›Titurel‹ von KARL SIMROCK (1842); ALBERT RAPP (1925). Eine fast vollständige Übersetzung ins Englische stammt von MARGARET F. RICHEY, eine Übersetzung des ersten Fragments ins Französische von JEAN FOURQUET (s. unten S. 100 f.).

## C. HILFSMITTEL:

*Bibliographie:*

FRIEDRICH PANZER, Bibliographie zu Wolfram von Eschenbach, 1897.

WILLY KROGMANN und ULRICH PRETZEL unter Mithilfe von ELFRIEDE NEUBUHR, Bibliographie zu Wolfram von Eschenbach, 1963.

*Forschungsberichte und Forschungsgeschichte:*

GOTTHOLD BÖTTICHER, Die Wolfram-Literatur seit LACHMANN mit kritischen Anmerkungen, 1880.

GUSTAV EHRISMANN, Wolframprobleme, GRM 1, 1909, S. 657–674.

JOSEF GÖTZ, Die Entwicklung des Wolframbildes von BODMER bis zum Tode LACHMANNS in der germanistischen und schönen Literatur, Diss. Freiburg (1936), Endingen 1940.

BLANKA HORACEK, Wolframprobleme – 750 Jahre ›Parzival‹, Wissenschaft u. Weltbild 5, 1952, S. 319–324.

HEINZ RUPP, Das neue Wolframbild, DU 5, 1953, Heft 2, S. 82–90.

BODO MERGELL, Wolfram und der Gral in neuem Licht, Euph. 47, 1953, S. 431–451.

HANS EGGERS, Wolframforschung in der Krise? Ein Forschungsbericht, WW 5, 1953/54, S. 274–290 (wertvoll).

RALPH LOWET, Wolfram von Eschenbachs ›Parzival‹ im Wandel der Zeiten, 1955 (Rez.: PETER WAPNEWSKI, AfdA 69, 1956/57, S. 102 bis 107).

HERBERT FOLGER OSB., Eucharistie und Gral. Zur neueren Wolframforschung, Arch. f. Liturgiewiss. 5, Erster Halbbd, 1957, S. 96–102.

MARTIN SCHUMACHER, Kritische Bibliographie zu Wolframs ›Parzival‹, 1945–1958, Diss. Frankfurt/Main 1963.

SIDNEY M. JOHNSON, Wolfram's ›Willehalm‹: 1952–1962, JEGP 63, 1964, S. 72–85.

*Wörterbücher:*

ALBERT SCHULZ (SAN-MARTE), Reimregister zu den Werken Wolframs von Eschenbach, 1868.

KARL THALMANN, Reimformenverzeichnis zu den Werken Wolframs von Eschenbach, 1925.

ROE-MERRILL S. HEFFNER, Collected Indexes to the Works of Wolfram von Eschenbach, Madison/Wis./USA 1961.

*Literaturgeschichten:*

FRIEDRICH VOGT, Geschichte der mhd. Literatur, 1. Teil, ³1922, S. 257–315.

GUSTAV EHRISMANN, Geschichte der dt. Literatur bis zum Ausgang des Mittelalters, 2. Teil, II, 1, 1927, S. 212–297.

JULIUS SCHWIETERING, Die dt. Dichtung des Mittelalters, (1932/41), ²1957, S. 160–182.

HERMANN SCHNEIDER, Heldendichtung, Geistlichendichtung, Ritterdichtung, ²1943, S. 293–312.

HELMUT DE BOOR, Die höfische Literatur. Vorbereitung, Blüte, Ausklang, 1170–1250, ⁶1964, S. 90–127, 434–438.

MAURICE O'C. WALSHE, Medieval German Literature, Cambridge/Mass./USA 1962, S. 156–175.

s. auch FRIEDRICH RANKE in: Dt. Literaturgeschichte in Grundzügen, hrsg. v. BRUNO BOESCH, ²1961, S. 66–69; RICHARD KIENAST in: Dt. Phil. im Aufriß, hrsg. v. WOLFGANG STAMMLER, Bd II, ²1960, Sp. 87 bis 89; KURT H. HALBACH, ebda Sp. 557–581; HUGO KUHN in: Annalen der dt. Literatur, hrsg. v. HEINZ O. BURGER, ²1963, S. 144–151, 164–166.

D. DARSTELLUNGEN:

ELIAS STEINMEYER, Wolfram von Eschenbach, Allg. Dt. Biographie, Bd VI, 1877, S. 340–346.

GUSTAV EHRISMANN, Über Wolframs Ethik, ZfdA 49, 1908, S. 405 bis 465.

GUSTAV ROETHE, Der Dichter des ›Parzival‹, Rede..., 1924 (auch in: G. R., Dt. Reden, 1927, S. 94–107).

FRIEDRICH NEUMANN, Wolfram von Eschenbachs Ritterideal, DVjs. 5, 1927, S. 9–24.

GOTTFRIED WEBER, Wolfram von Eschenbach, Seine dichterische und geistesgeschichtliche Bedeutung, Bd I: Stoff und Form, 1928.

HANS NAUMANN, Wolfram von Eschenbach, 1943.

EDUARD HARTL, Wolfram von Eschenbach, in: Verf.Lex., Bd IV, 1953, Sp. 1058–1091 (Nachtrag von WALTER J. SCHRÖDER u. WERNER WOLF: Bd V, 1955, Sp. 1135–1138).

FRIEDRICH NEUMANN, Wolfram von Eschenbach, in: Die großen Deutschen, Bd I, ²1956, S. 101–113.

FRIEDRICH MAURER, Das Grundanliegen Wolframs von Eschenbach, DU 8, 1956, Heft 1, S. 46–61.

MARGARET F. RICHEY, Studies of Wolfram von Eschenbach, Edinburgh–London 1957.

FRIEDRICH MAURER, Leid, Studien zur Bedeutungs- und Problemgeschichte, besonders in den großen Epen der staufischen Zeit, ²1961, S. 115–204.

s. auch die Literaturangaben zu den einzelnen Abschnitten, besonders zum ›Parzival‹-Kapitel, S. 69 ff.

# IV. LIEDER

1. ÜBERLIEFERUNG. Unter Wolframs Namen sind neun Lieder überliefert. Zwei davon hat LACHMANN für „unecht" erklärt; aber der Rettungsversuch von HERMANN PAUL für die erste Hälfte von no VIII (*Guot wîp, ich bite dich minne*) hat viel Zustimmung gefunden und läßt sich auch gegen den letzten Herausgeber CARL VON KRAUS verteidigen. An der Überlieferung sind vier Handschriften beteiligt: die drei großen Liedersammlungen A, B, C und die alte Münchner ›Parzival‹-Handschrift (G), alle ohne Musik. Die ungleichmäßige Verteilung (drei Lieder stehen in BC, eins in AC, drei nur in C, zwei nur in G) läßt erkennen, daß es im 13. Jh. keine zuverlässige Sammlung von Wolframs Lyrik gab. Nur der Wolfram-Verehrung der Schreiber von G verdanken wir die Erhaltung der beiden schönsten Lieder (no I *Den morgenblic bî wahters sange erkôs* und no II *Sîne klâwen durh die wolken sint geslagen*). Es steht zu befürchten, daß den späteren Sammlern noch anderes entgangen ist und daß wir Wolframs lyrisches Werk nur unvollständig kennen. Daraus folgt die Unsicherheit aller Versuche, die erhaltenen Stücke als einheitlichen und gewollten Kanon zu behandeln.

2. TAGELIEDER. Die Mehrzahl der Lieder, nämlich fünf, gehört einer Gattung an, die bis dahin im deutschen Minnesang eine bescheidene Rolle gespielt hatte; es sind Tagelieder, Lieder der Trennungsklage am Morgen nach der Liebesnacht. Die Gattung hat eine verwickelte und in wichtigen Punkten noch nicht befriedigend klargelegte Geschichte. Volkstümliches und Geistlich-Gelehrtes ist offenbar zusammengeflossen. Das Tagelied ist Rollendichtung; sein Kern ist episch: die Situation am Morgen; seine Form oft dialogisch. Zum Personal des „höfischen" Tagelieds gehört der Wächter, dessen Morgengesang die Liebenden weckt. Diese Konstellation ist eine Erfindung der Troubadours, und die provenzalische Alba hat dann nach Nordfrankreich und nach Deutschland gewirkt. Eine exakte Beurteilung der Abhängigkeitsverhältnisse ist allerdings kaum möglich, weil nur wenige französische Stücke aus dem 12. Jh. erhalten sind. Sicher ist, daß bereits Morungens Tagelied unter romanischem Einfluß stand; doch fehlt bei ihm gerade der Wächter, der erst bei Wolfram erscheint. Ob Wolfram die Gestalt aus Frankreich übernommen hat oder ob es vor ihm eine verlorene Gruppe romanisierender Tagelieder gab, ist umstrit-

ten. Die Überlieferungsverhältnisse sprechen dafür, daß Wolfram der entscheidende Mittler war.

Wolframs Tagelieder folgen alle dem gleichen Schema: Morgenanbruch, Weckruf, Trennungsklage, letzte Vereinigung und Abschied. Es sind kunstvolle Variationen eines festen Typs, mit wechselndem Anteil der epischen Partien und mit jeweils neuer Rollenverteilung: einmal spricht nur der Wächter (no V), einmal nur die Frau (no I), einmal sprechen Wächter und Frau (no II), einmal Frau und Mann (no VII; die Zuweisung der ersten Verse ist unsicher). Auch die Strophenformen variieren einen Grundtyp mit kurzen dreiteiligen Stollen und gewaltig anschwellendem Abgesang. Die Rhythmik wird bestimmt von kurzen zweihebigen Gruppen, die sich mannigfach zu Versen gruppieren lassen. Indem sich die Reimklänge bald überstürzend häufen, bald sich ins kaum noch Hörbare verlieren, indem die syntaktischen Einheiten bald die Versgrenzen überspielen, bald die Verse durch Binnenreime zergliedert werden, entstehen klangliche Gebilde von großer innerer Bewegtheit, Ausdruck eines unerlösten Suchens und Drängens, das sich bis zur Liebeserfüllung steigert und erst ganz am Schluß zur Ruhe kommt: *si phlâgen minne ân allen haz* (no I). Mit dieser rhythmischen Bewegung Hand in Hand geht die Intensivierung der überkommenen Motive: Tagesanbruch und Liebesabschied. Aus der Erlebnis-Perspektive der Liebenden wird das feindliche Morgenlicht zum Tagesdämon übersteigert (*sîne klâwen durh die wolken sint geslagen*... no II), den sie vergeblich auszusperren suchen (*vil slôze si besluzzen: daz half niht*... no I), vor dem sie zueinander flüchten, so nahe, daß kein Sonnenstrahl mehr trennend zwischen sie scheinen kann (*obe der sunnen drî mit blicke wæren, sin möhten zwischen si geliuhten* no VII). Mit schonungsloser Direktheit wird die körperliche Vereinigung, der *urloup* am Morgen geschildert. Das Wort *urloup*, das in allen Liedern an dieser Stelle erscheint, heißt sowohl „Abschied" wie „Hingabe" (das gegenseitige „Erlauben" der Liebenden). So wird der sinnliche Vorgang zum Ausdruck einer seelischen Bewegung, die beides umgreift, Vereinigung und Trennung, Erfüllung und Entsagung: *da ergienc ein schimpf bî klage* (no VII).

Ganz anderer Art ist die sogenannte „Absage ans Tagelied" (no IV *Der helden minne ir klage*), von den übrigen unterschieden durch ihre Zweistrophigkeit, durch ihre merkwürdige Strophenform, ihren Stil und ihre Aussage. Hier gibt es keine Rolle, keinen Dialog, sondern der Dichter spricht zum Wächter, heißt ihn schweigen und preist die Vorzüge ehelicher Liebe, die der

Geheimhaltung und des Wächters nicht bedarf und den Abschiedsschmerz am Morgen nicht kennt: *ein offen süeze wirtes wîp kan solhe minne geben.* Das Lied, das sich an künstlerischer Kraft mit den anderen nicht messen kann, hat in der Forschung eine große Rolle gespielt; seine Bedeutung sah man im Persönlich-Bekenntnishaften: Wolfram rechne hier sozusagen mit seinen eigenen Jugendsünden ab und dringe vor zur Ehemoral seiner großen Epen. Wenn man jedoch die mögliche Wirkung des Liedes bedenkt, wird man eher die spielerisch-witzigen Züge betonen, da die Kritik am Tagelied sich auf das Argument beschränkt, daß die heimliche Liebe zu unpraktisch und zu gefährlich sei, und weil dabei bewußt verschwiegen wird, daß das lyrische Pathos des Tagelieds an dieser Gefährlichkeit hängt. Dazu paßt auch die Anlage: die allmähliche Entfaltung des Gedankens mit der Pointe am Schluß ist eine Aufbauform, die den eigentlichen Tageliedern fremd ist und hinüberweist zu Wolframs parodistischen Liedern.

3. WERBUNGSLIEDER. Neben den Tageliedern steht die kleine Gruppe der Werbungslieder (no III, VI und die umstrittene erste Hälfte von VIII), auf den ersten Blick recht konventionelle Gebilde im tradierten Stil des hohen Minnesangs, die nach Aussage und Form einem zweitrangigen Dichter zugehören könnten. Ihre Echtheit ist aber gut bezeugt, und im einzelnen zeigen sie hier und da die Pranke des Löwen. Was diese Stücke interessant macht, ist der für ein Lied erwiesene, für ein zweites vermutete parodistische Charakter. *Ein wîp mac wol erlouben mir* (no III) steht, wie SCHOLTE und WAPNEWSKI gezeigt haben, in mannigfacher Beziehung zu Walthers *Ein man verbiutet âne pfliht* (111, 22), das seinerseits Reinmars *Ich wirbe umb allez daz ein man* (MSF 159, 1) parodiert und damit die große Walther-Reinmar-Fehde auslöst. Wolfram ist innerlich von dem Gefecht der professionellen Hofsänger weit entfernt. Seine Anspielungen treffen nicht eigentlich Walther oder Reinmar, sondern eher den ganzen Streit und damit den traditionellen Minnesang: wenn man ein ganzes Werbungslied aus Zitaten und Gemeinplätzen zusammenbasteln kann, dann bezeugt das Ergebnis die Hohlheit dieser literarischen Form. Übrig bleiben nur die alles Konventionelle sprengenden Vogelbilder, die vielleicht auch Bestandteil der Parodie sind, insofern sie das Lied zu einer merkwürdigen „Vogelweide" machen: der Storch im Saatfeld, die *verhabte gir* des Falken und die Eulen-Äugigkeit des Dichters.

4. ORDNUNG. Es hat nicht an Versuchen gefehlt, Wolframs Lieder in eine chronologische oder zyklische Ordnung zu bringen. Meistens stellt man die Werbungslieder voran, weil sie einfacher gebaut sind. Die Tagelieder werden dann entweder nach dem Hervortreten der Wächtergestalt (PLENIO) oder umgekehrt nach dem Zurücktreten der epischen Motive (MOHR) oder nach der Liebeshandlung (THOMAS) geordnet. „Wo scharfsinnige Erwägungen so verschiedene Ergebnisse zeitigen, scheint mir das ein Zeichen, daß das Problem unlösbar ist" (C. v. KRAUS). Nur ein Lied, no III, gestattet eine genauere Zuordnung. Es steht in enger Beziehung zur „Selbstverteidigung" des ›Parzival‹ und zum Epilog des VI. Buchs. An beiden Stellen nimmt Wolfram auf seine Lyrik Bezug (*Pz.* 114, 13. 337, 6); beide Stellen teilen mit no III die Anspielungen auf dieselben Lieder der Walther-Reinmar-Fehde, und beide behandeln wie no III „jene Affaire..., die in ihm zu einer Art Trauma gediehen zu sein scheint" (WAPNEWSKI), seine Auseinandersetzung mit der untreuen Minneherrin. Nach der Intensität des Temperamentsausbruchs ordnet man die Stellen chronologisch: in der Selbstverteidigung ist Wolfram noch *ein habendiu zange mînen zorn gein einem wîbe* (114, 14–15); in no III hat er resigniert: *daz lâze ich sîn*; ähnlich kühl ist der Epilog zu Buch VI. Nun ist jedoch die Datierung und der ursprüngliche Platz der Selbstverteidigung ebenfalls unsicher, und über die Wahrscheinlichkeit, daß no III während der Entstehungszeit der ›Parzival‹-Bücher III–VI gedichtet ist, gelangt man nicht hinaus. Das chronologische Verhältnis zu den übrigen Liedern bleibt dabei offen.

LITERATUR:

KURT PLENIO, Beobachtungen zu Wolframs Liedstrophik, Beitr. 41, 1916, S. 47–128.

JAN H. SCHOLTE, Wolframs Lyrik, Beitr. 69, 1947, S. 409–419.

WOLFGANG MOHR, Wolframs Tagelieder, in: Festschr. für PAUL KLUCKHOHN u. HERMANN SCHNEIDER, 1948, S. 148–165.

ARTHUR T. HATTO, On Beauty of Numbers in Wolfram's Dawn Songs (An Improved Metrical Canon), MLR 45, 1950, S. 181–188.

HELMUTH THOMAS, Wolframs Tageliedzyklus, ZfdA 87, 1956/57, S. 45–58.

PETER WAPNEWSKI, Wolframs Walther-„Parodie" und die Frage der Reihenfolge seiner Lieder, GRM 39, 1958, S. 321–332.

IRMENGARD RAUCH, Wolfram's Dawn Song Series: An Explication, Monatshefte 55, 1963, S. 367–374.

s. auch den Kommentar in CARL VON KRAUS' Liederdichtern (s. oben

S. 18), II, S. 646–707. Eine ausführliche Behandlung von Wolframs Lyrik hat KARL HEINZ BORCK angekündigt. Über das Tagelied jetzt: Eos, An Enquiry into the Theme of Lover's Meetings and Partings at Dawn in Poetry, hrsg. v. ARTHUR T. HATTO, London-Paris 1965 (vgl. DERS., Das Tagelied in der Weltliteratur, DVjs. 36, 1962, S. 489–506).

## V. ›PARZIVAL‹

1. ÜBERLIEFERUNG. Der ›Parzival‹ ist sehr reich überliefert. Die jüngste Zusammenstellung (von EDUARD HARTL, Verf.Lex. IV, Sp. 1067) zählt 84 Zeugen, darunter 17 vollständige Handschriften und 67 Bruchstücke. (HARTLS Handschriftenverzeichnis in der 7. Auflage von LACHMANNS Wolfram-Ausgabe umfaßt 81 Nummern; zum Vergleich: vom ›Nibelungenlied‹ sind 34, von Hartmanns ›Iwein‹ 25, von Gotfrids ›Tristan‹ 23, von Wolframs ›Willehalm‹ 76 Hss. und Fragmente bekannt.) LACHMANN schied die Überlieferung in zwei Klassen, die er nach den Leithandschriften D (St. Gallen, Stiftsbiliothek 857) und G (München, Staatsbibliothek, Cgm. 19) benannte. Zur Klasse *D gehören heute 4 Hss. und 17 Fragmente, zur *G-Klasse 13 Hss. und 50 Fragmente. Da *D dem Original nähersteht, hat LACHMANN die St. Galler Handschrift, die auch die beste Überlieferung des ›Willehalm‹ (LACHMANNS K) und des ›Nibelungenliedes‹ (LACHMANNS B) enthält, zur Grundlage seines Textes gewählt. Demgegenüber stellt *G, die „Vulgata", eine Bearbeitung des Originals dar, in der typische Sprach- und Stileigenheiten Wolframs zugunsten eines normalisierten Mittelhochdeutschs Hartmannscher Prägung abgeschwächt sind. In dieser überarbeiteten Form hat der ›Parzival‹ seine größte Wirkung erreicht, wie die große Zahl der *G-Handschriften beweist.

Im 19. Jh. hat man sich unter dem Eindruck von LACHMANNS Leistung kaum noch mit den Überlieferungsfragen beschäftigt. Aber bei der ständig wachsenden Zahl erhaltener ›Parzival‹-Zeugen wurde die Aufgabe einer erneuten Prüfung der gesamten Überlieferung immer dringender. Über der weiteren Forschung hat dann ein Unstern gestanden. ALBERT LEITZMANN, dessen ›Parzival‹-Text am weitesten von LACHMANNS Ausgabe abrückt, hat die angekündigte Handschriftenuntersuchung nie veröffentlicht. EDUARD HARTL hat noch kurz vor seinem Tod ein dreizehnbändiges Werk über die Wolfram-Überlieferung geplant, von dem nur die 1. Abteilung des 1.

Teils der Textgeschichte des ›Parzival‹ erschienen ist, die einige späte Mischhandschriften der Klasse *G untersucht. HARTL bewertet die Haupthandschriften anders als LACHMANN, obwohl er ihm in der grundsätzlichen Beurteilung folgt. Weder besitzt D für ihn den überragenden Wert, den LACHMANN ihr zuerkannte, noch gilt ihm G als beste Repräsentantin der Vulgata. HARTL deutet an, daß die *G-Klasse nicht durch einen einmaligen Bearbeitungsvorgang entstanden ist, sondern sich über mehrere Zwischenglieder aus *D entwickelt hat. Dadurch würde die Unterscheidung von *D und *G viel von ihrer Bedeutung verlieren. Aber das sind vorläufig Vermutungen, für die der Beweis noch zu führen bleibt.

Die heute üblichen Bezeichnungen der ›Parzival‹-Handschriften sind ein mißglücktes Kompromiß zwischen LACHMANNS Siglen und einer konsequenten Neubenennung. Die Hss. der Klasse *D werden, abgesehen von D selbst, durch kleine lateinische Buchstaben bezeichnet (a–l und r–t sind die Fragmente, m–p die vollständigen Hss.). Für die Klasse *G hat ERNST MARTIN die Regelung eingeführt, daß die älteren Hss. und Fragmente („etwa bis 1330") durch G mit lat. Exponenten (G$^a$, G$^b$ usw.), die jüngeren durch G mit griech. Exponenten bezeichnet werden. Inzwischen haben sich bereits Doppelexponenten eingebürgert; außerdem sind die LACHMANNschen Siglen E und F (für zwei *G-Fragmente) stehengeblieben. Da ferner die von MARTIN gewählte chronologische Ordnung der Exponenten schon von Anfang an nicht für G$^a$ und G$^b$ galt und diese Ordnung überdies durch die neugefundenen Fragmente der *G-Klasse, die von HARTL große Buchstaben erhielten (ABCH), gänzlich illusorisch geworden ist, bedarf es heute eines Spezialstudiums, um sich in den Siglen zurechtzufinden.

2. ENTSTEHUNG. Am Ende von Buch VI scheint Wolfram den Abbruch seiner Dichtung anzukündigen: *ze machen nem diz mære ein man, der âventiure prüeven kan unde rîme künne sprechen...* (337, 23–25). An dieser Stelle verläßt die Erzählung den Helden Parzival und wechselt über zu den Abenteuern Gawans. Das VII. Buch bringt dann die Anspielung auf die verwüsteten Erfurter Weingärten; man kann sich vorstellen, daß die Kriegszeiten 1203/04 einer Fortsetzung der Arbeit nicht eben günstig waren. Daß hier tatsächlich ein tiefer Einschnitt liegt, ist durch die statistischen Reimuntersuchungen von KONRAD ZWIERZINA bestätigt worden; und der Nachweis von JEAN FOURQUET, daß Wolfram ab Buch VII eine andere Handschrift des ›Conte du Graal‹ benutzt hat als für die Bücher III–VI, weist in dieselbe Richtung. Außerdem fehlt der Epilog zum VI. Buch in den

meisten Handschriften der Klasse *G: offenbar handelt es sich um eine Partie, die einer früheren Textschicht angehörte und bei der endgültigen Redaktion ausgeschieden wurde. Man nimmt an, daß mit der Unterbrechung der Arbeit am Ende des VI. Buchs eine Veröffentlichung Hand in Hand ging, und daß der erste Teil der Dichtung dem Publikum bekannt wurde, ehe das ganze Werk vollendet war.

Man hat auf verschiedenen Wegen versucht, den Umfang und die Textgestalt des „Urparzival" zu erschließen: durch die Beobachtung von Schreiberwechsel und Initialensetzung in den Handschriften (ALBERT SCHREIBER), durch rhythmisch-schall-analytische Untersuchungen (ELISABETH KARG-GASTERSTÄDT), durch Vergleiche des ›Parzival‹-Textes mit der handschrift-lichen Überlieferung Chrestiens (JEAN FOURQUET). Diese Arbeiten sind unabhängig voneinander zu dem Ergebnis gekommen, daß die Eingangsbücher des ›Parzival‹ erst nachträglich hinzugedichtet sind, und daß der ursprüngliche Text der Bücher III–VI sich beträchtlich von der in allen Handschriften überlieferten Endfassung unterschied. Es liegt in der Natur der Sache, daß solchen Arbeiten ein stark subjektives Element innewohnt; sie haben deswegen auch nur bedingte Zustimmung gefunden. Man wird zugeben, daß sich bei der endgültigen Redaktion der Dichtung die Notwendigkeit ergab, einzelnes umzustellen, zu ergänzen oder zu ändern. Für die Selbstver-teidigung zwischen Buch II und III hat schon LACHMANN ver-mutet, „daß sie der Dichter erst später hinzugefügt hat" (Vor-rede, S. IX). Auch die Verse 69, 29–70, 6 sind offenbar nach-träglich eingefügt: sie stehen in allen Handschriften an falscher Stelle. Mit weiteren solchen Eingriffen ist zu rechnen.

Über die Entstehung der Eingangsbücher (I–II) gehen die Ansichten auseinander, seit zuerst KARL SIMROCK die Vermutung ausgesprochen hat, daß Wolfram ebenso wie Chrestien seine Dichtung mit der Jugend Parzivals begonnen und erst später die Gahmuretgeschichte davorgestellt habe. Das ist ein beste-chender Gedanke, für den aber handgreifliche Beweise fehlen. Der Zusammenhang zwischen dem Schluß von Buch II und dem Anfang von III ist so eng, daß man eine starke Umarbei-tung ansetzen müßte, wenn man hier eine alte Nahtstelle sucht. In Verbindung damit spielt auch die Dreißiger-Gliederung eine Rolle. Die meisten ›Parzival‹-Handschriften setzen vom V. Buch an fast regelmäßig dreißig Verse ab und bezeichnen sie oft durch kleine Initialen. Heute steht fest, daß diese Abschnitte, die sich ebenso im ›Willehalm‹ finden, von Wolfram so gewollt sind: er hat sie in vielen Fällen zur Gliederung seiner Erzählung benutzt. Offensichtlich hat sich diese Einteilung erst im Verlauf der Arbeit durchgesetzt, denn sie fehlt in den Büchern I–IV. Zwar gibt es auch dort schon Dreißiger-Gruppen, aber ohne Regel untermischt mit kürzeren und längeren Abschnitten. Man dürfte jedoch eine durchgeführte Dreißiger-Gliederung in den Gahmuretbüchern erwarten, falls sie später entstanden sind.

Von ganz anderer Seite hat das Problem der Entstehungsgeschichte überraschende Förderung erfahren: durch die Erhellung des chronologischen Verhältnisses zum ›Tristan‹. Daß Gotfrid im Literaturexkurs (4638 ff.) gegen den ›Parzival‹ polemisiert und Wolfram im ›Willehalm‹-Prolog (4, 19 ff.) darauf antwortet, hat man schon lange gewußt. John Meier hat aber gezeigt, daß die Beziehungen komplizierter waren, da sich Spuren der Gotfrid-Fehde schon im ›Parzival‹ nachweisen lassen. Seine Beobachtungen sind in der neueren Forschung aufgegriffen und vielfach vertieft, zum Teil auch ins Unbeweisbare erweitert worden. Ein wichtiges Zeugnis ist der polemische Mittelteil des ›Parzival‹-Prologs (1, 15–4, 8), der tatsächlich an Profil gewinnt, wenn man ihn auf Gotfrid bezieht. Die Häufung dunkler Bilder, deren Bezüglichkeiten wir zum Teil nicht mehr durchschauen, wirkt wie ein Spott auf Gotfrids Vorwurf der Unverständlichkeit; und die „Frauenlehre" (2, 23–3, 24) scheint speziell auf Isolt gemünzt zu sein. Dazu kommen wörtliche Berührungen: Wolframs *wilder funt* (4, 5) ist nach mittelalterlichen Maßstäben ein wörtliches Zitat von Gotfrids Hauptangriff: *vindære wilder mære* (4665); und *conterfeit* (3, 12; verbal) kommt sonst nirgends bei Wolfram, aber mehrfach bei Gotfrid vor. Wenn diese Beziehungen stichhalten, müßte der größere Teil des ›Parzival‹-Prologs nachträglich interpoliert sein. Das würde bedeuten, daß Gotfrid bei der Abfassung des Literaturexkurses eine Frühfassung des ›Parzival‹ vor sich hatte, über deren Umfang nur Vermutungen möglich sind. An mehreren Stellen, die als Zeugnisse der Fehde in Anspruch genommen wurden, ist indessen nicht zu entscheiden, wem die Priorität gebührt und ob überhaupt direkte Berührungen bestehen.

Bei aller Unsicherheit im einzelnen kann man als Ergebnis festhalten, daß der ›Parzival‹ nicht auf einen Wurf entstanden ist, daß der endgültigen Redaktion der fast 25000 Verse Teilveröffentlichungen und Frühversionen vorausgegangen sind, die erst durch spätere Überarbeitung ihre überlieferte Gestalt erhalten haben. Es besteht aber wenig Hoffnung, daß es je ge-

lingen wird, den Textbestand dieser Urfassungen wiederzugewinnen.

3. STOFF. Die Parzival-Gral-Sage gehört zum großen The-
menkreis der Matière de Bretagne, unterscheidet sich jedoch
von den übrigen Sagen um König Artus durch eine Reihe von
ausgesprochen christlichen Motiven, die nicht aus keltischer
Überlieferung stammen können. Die Frage, ob die christlichen
oder die keltischen Elemente als primär anzusehen sind, wird
bis heute verschieden beantwortet. Die Textüberlieferung beginnt am Ende des 12. Jhs mit zwei französischen Dichtungen,
dem unvollendet gebliebenen ›Conte du Graal‹ von Chrestien
de Troyes, der dem Grafen Philipp von Flandern (gest. 1191)
gewidmet ist, und dem ›Joseph von Arimathia (L'Estoire dou
Graal)‹ von Robert de Boron, der nicht mit Sicherheit datiert
werden kann, aber wahrscheinlich jünger ist. Gemeinsam ist
beiden Texten der Name *graal* und die Bezeichnung *le Riche
Pêcheur* für den Gralhüter; im übrigen haben sie stofflich nichts
miteinander zu tun: Chrestien erzählt einen Perceval-Gauvain-
Roman, während Robert die Josephslegende erneuert, die aus
apokryphen Evangelientexten erwachsen ist. Erst die Nachfolger haben eine Verbindung hergestellt und Perceval zum Enkel
von Josephs Schwager gemacht. Auf dieser Grundlage sind in
Frankreich zahlreiche neue Graldichtungen entstanden. Chrestiens Torso (der echte Text reicht in HILKAS Ausgabe bis Vers
9234) geriet früh in die Hände von Fortsetzern und wuchs in
der ersten Hälfte des 13. Jhs zu einem Corpus von 60–70000
Versen an. Bald nach der Jahrhundertwende beginnen die
Prosa-Bearbeitungen, der sog. ›Didot-Perceval‹, der ›Perlesvaus‹ und die ›Queste del Saint Graal‹, meistens im Rahmen
großer Prosa-Zyklen, die die ganze Artusgeschichte behandeln.
Die ›Queste‹, der künstlerisch bedeutendste Text, in dem die
Transformation des Gralsuchers zum geistlichen Helden vollendet ist, war in vielen Handschriften verbreitet und hat auf
die Gralerzählungen des Spätmittelalters stark gewirkt. Die
erste außerfranzösische Bearbeitung ist Wolframs ›Parzival‹.
Teile des Stoffes sind später in die ›Krone‹ Heinrichs von dem
Türlin und in den ›Jüngeren Titurel‹ eingegangen; im 14. Jh.
haben Claus Wisse und Philipp Colin auf die Fortsetzungen
des ›Conte du Graal‹ zurückgegriffen. Besondere Bedeutung
besitzen die Zeugnisse aus England, der kymrische ›Peredur‹,
ein Mabinogi (das Wort bedeutet eigentlich „Jugendgeschichte“,
wird aber als Gattungsname für die frühen Erzählungen aus

Wales benutzt), dessen älteste Handschrift noch aus dem 13. Jh. stammt, und der mittelenglische ›Sir Percyvelle‹ aus dem 14. Jh. Sie berühren sich mit Chrestiens Erzählung, erwähnen aber nicht den Gral; man hat vermutet, daß in ihnen eine genuin keltische Sagentradition zur Sprache kommt (der Name Peredur begegnet bereits in Galfreds ›Historia regum Britanniae‹ aus der ersten Hälfte des 12. Jhs). Weitere Bearbeitungen des Stoffes stammen aus Skandinavien (›Parcevals saga‹), Spanien und Italien. Die Abhängigkeitsverhältnisse dieser Texte untereinander zu bestimmen und die Ursprünge der Hauptmotive zu erhellen ist die Aufgabe der Stoffgeschichte. Dabei führen die Wege immer wieder auf Chrestien zurück und auf das große Problem seiner Quellen. Mehr und mehr hat sich die Auffassung durchgesetzt, daß alle späteren Bearbeitungen direkt oder indirekt von ihm beeinflußt sind. Über die Fragen, in welcher Gestalt Chrestien seinen Stoff kennengelernt hat und wieweit die späteren Dichtungen eine von ihm unabhängige Tradition der Sage bezeugen, ist eine umfangreiche Literatur entstanden, die trotz reicher Ergebnisse weitgehend einen hypothetischen Charakter behalten hat, weil das vorhandene Material eine sichere Entscheidung nur selten zuläßt.

Die Etymologie des Wortes *graal* ist noch umstritten (*gradalis* „gestuft"? *crater* „Mischgefäß, Eimer"? *cratis* „Geflecht"?), aber sicher ist es ein französisches Wort (Ableitungen aus dem Keltischen und Hebräischen haben nicht überzeugt). Nach Helinand von Froidmont (Anfang des 13. Jhs) ist ein *graal* eine große flache Schüssel (*scutella lata et aliquantulum profunda*), die zum Auftragen der Speisen am Tisch der Reichen diente. In dieser Bedeutung ist das Wort in französischen Texten des 12. Jhs bezeugt, und so benutzt es auch Chrestien bei der Bewirtung auf der Gralsburg: *Un graal antre ses deus mains Une dameisele tenoit* (ed. HILKA, 3220–21; „ein Mädchen hielt einen Gral zwischen ihren beiden Händen"). Wenn das Wort später stets mit bestimmtem Artikel erscheint, so ist immer der eine *graal* im Schloß des *Roi Pêcheur* gemeint. Unversehens vollzieht sich dabei der Übergang vom Appellativ zum Namen: *daz was ein dinc, daz hiez der Grâl (Pz.* 235, 23). Überall ist der Gral ein heiliges Gefäß und steht in Beziehung zur Eucharistie. Robert de Boron erzählt von dem Kelch des letzten Abendmahls, in dem Joseph das Blut des Erlösers aufgefangen hat; dieser Kelch „wird mit Recht Gral genannt, weil niemand ihn sehen wird, dem er nicht angenehm ist" (ed. NITZE, 2659–61; Wortspiel mit *graal* und *agreer*). Bei Chrestien dient er als Hostienbehälter

30

(*ciborium*) und ist eng mit der Blutenden Lanze verbunden, deren Bedeutung der Dichter nicht erklärt hat, die aber bereits in der Ersten Fortsetzung mit der Passionsreliquie, dem Longinusspeer, identifiziert wird; und dieser Deutung sind die meisten Dichter gefolgt. Gral und Lanze werden auf der Burg des Fischer-Königs in feierlicher Prozession herumgetragen. Eine erstaunlich nahe Parallele dazu hat KONRAD BURDACH in der byzantinischen Meßliturgie nachgewiesen: im großen Introitus trägt der Priester den Abendmahlskelch voran, gefolgt von einem Diakon mit dem $\delta i\sigma\kappa o\varsigma$, in dem die Hostie liegt, und einem Zelebranten mit der $\lambda\delta\gamma\chi\eta$, dem lanzenförmigen Messer, das den Longinusspeer symbolisiert. Es gibt keine keltische Quelle, die etwas Ähnliches berichtet. Problematischer ist die christliche Deutung einzelner Figuren, etwa des Fischer-Königs als Christussymbol. Ausgehend von Passionsbildern, auf denen Ecclesia mit dem Kelch das Blut Christi auffängt, sieht MÁRIO ROQUES in der Gestalt der Gralträgerin eine Ecclesia-Allegorie. Die christlichen Züge sind jedoch fast überall mit profanen oder märchenhaften Elementen gemischt. Deswegen wird immer wieder die Möglichkeit erwogen, daß es sich um ursprünglich keltische Motive handelt, die erst nachträglich christlich interpretiert worden sind.

Viele Szenen und Motive in Chrestiens Dichtung tragen die unverkennbaren Zeichen der keltischen Märchenwelt: die häßliche Gralsbotin, die drei Blutstropfen im Schnee, das Wunderbett (*Lit de la Mervoille*), das Motiv der *terre gaste* usw. In einigen Fällen konnten darüber hinaus konkrete Beziehungen zur keltischen Überlieferung wahrscheinlich gemacht werden. Die Gestalt des Fischer-Königs zeigt manche Ähnlichkeit mit dem Meergott Bran, einem König des Autre Monde, dessen Land unter einem Verödungszauber liegt, seit er von einer Lanze verwundet wurde. Die Parzivalhandlung, deren Grundgerüst dem Schema der Dummlingsmärchen verwandt ist, berührt sich in mehreren Punkten mit der Jugendgeschichte der irischen Helden Cuchulinn und Finn. Die irisch-keltische Heldensage kennt auch blutende Lanzen, Werkzeuge der Rache und Vernichtung (Chrestien berichtet, daß durch die Blutende Lanze das Königreich von Logres zerstört werden wird), und unter den Wundergeräten gibt es zahlreiche Füllhörner und magische Speisespender. Die Tischlein-deck-dich-Funktion des Grals, die bei Chrestien nur erst angedeutet ist, wird seit der Ersten Fortsetzung des ›Conte du Graal‹ ein immer wiederkehrendes Merkmal. Gewiß findet man ähnliches in eucharistischen Legenden; aber während es dort meist um das Wunder der Lebenserhaltung geht, betonen die Gralromane die märchenhafte Wünschbarkeit aller Speisen und Getränke. MARX und LOOMIS haben versucht, die ursprünglichen Umrisse einer keltischen Parzivalsage wiederzugewinnen. Im Mittelpunkt stand danach der Besuch eines Sterblichen im verödeten Reich des Autre Monde, das durch eine Zauberfrage des Helden erlöst werden kann. Zum ursprünglichen Bestand gehörte vielleicht auch das Rachemotiv, von dem der ›Conte du Graal‹ nur Reste bewahrt (das zerbrochene Gralschwert, die Figur des Orguelleus de la Lande), das aber in anderen Bearbeitungen (›Perlesvaus‹, ›Sir Percyvelle‹) die Handlung wesentlich bestimmt. Solchen Rekonstruktionen bleibt natürlich die letzte Verbindlichkeit versagt.

Zu den ungelösten Problemen der Artusforschung gehört auch die Frage, wie das keltische Sagenmaterial zur Kenntnis der höfischen Dichter in Frankreich gelangt ist. Sicher ist nur, daß die Vermittlung nicht durch die gelehrte Artustradition erfolgte, denn bei Galfred von Monmouth und Wace fehlen die meisten Motive, aus denen Chrestien die Handlung aufgebaut hat. Die Theorie von GASTON PARIS rechnet mit einer verlorengegangenen anglo-normannischen Artusepik als Zwischenstufe, während ROGER S. LOOMIS annimmt, daß die Stoffe durch bretonische Sänger auf dem Festland verbreitet wurden. Ob es bereits vor Chrestien eine zusammenhängende Parzivalsage gegeben hat, hängt hauptsächlich davon ab, wie man das Verhältnis zum kymrischen ›Peredur‹ beurteilt. Unberührt davon ist Chrestiens Leistung, dem Stoff die Gestalt verliehen zu haben, die für die späteren Dichter richtungweisend blieb. Man möchte glauben, daß er es war, der den keltischen Geschichten eine neue Dimension öffnete, indem er zwei ihrer magischen Geräte, Schüssel und Lanze, in den Bereich des Christlich-Wunderbaren erhob und das märchenhafte Verfehlen und Zum-Ziel-Gelangen des Helden christlich deutete als einen Weg durch die Sünde zur Gnade.

4. QUELLEN. Wolframs Angaben über seine Quellen sind merkwürdig unklar. Einmal behauptet er, überhaupt keine geschriebene Vorlage zu besitzen (115, 29–30); andersits beruft er sich häufig auf eine *âventiure*, ein *mære* und nennt einen sonst unbekannten Kyot als seinen Gewährsmann. Im Epilog tadelt er *von Troys meister Cristjân*, weil er *disem mære hât unreht getân* (827, 1–2). Die sich daraus ergebenden Probleme haben lange im Mittelpunkt der Wolframforschung gestanden; erst in neuerer Zeit verlagert sich das Interesse immer mehr auf Fragen der Interpretation.

*a) Die Hauptquelle: Chrestien.* Der methodische Ausgangs-
punkt jeder Beurteilung des Quellenverhältnisses ist ein Vergleich des ›Parzival‹ mit dem ›Conte du Graal‹, wofür HILKAS
kritische Ausgabe (1932) die Voraussetzung geschaffen hat. Die
Untersuchungen von RACHBAUER, FOURQUET, MERGELL u. a.
haben zu dem übereinstimmenden Ergebnis geführt, daß Chrestiens Dichtung die Hauptquelle des ›Parzival‹ vom Anfang
des III. bis etwa zur Mitte des XIII. Buchs gewesen ist. Über die
allgemeine Anlage und Abfolge der Handlung hinaus gibt es
eine Reihe von wörtlichen Berührungen, die eine direkte Abhängigkeit sicherstellen. Wolfram hat aber seine Quelle mit
großer Selbständigkeit behandelt; das zeigt sich sowohl im
Szenendetail wie in der Gesamtstruktur. Er hat vielfach erweitert (den 9234 Versen Chrestiens entsprechen im ›Parzival‹
knapp 18000 Verse), aber im einzelnen auch gekürzt (z. B. die
Begegnung mit den Rittern im Wald) und sogar ganze Szenen
ausgelassen (Percevals Schwertleite bei Gornemant). Er hat
Figuren benannt, die bei Chrestien anonym bleiben (Anfortas,
Trevrizent usw.), hat andere umbenannt (Condwiramurs heißt
bei Chrestien Blancheflor), hat Personen neu eingeführt (Liaze,
Bene u. a.) oder ihnen mehr Raum gegeben (Sigune), hat das
Charakterbild entscheidend umgeformt (Ither), die Handlungsstränge räumlich und zeitlich enger miteinander verknüpft und
hat auch sachlich geändert. Die meisten Neuerungen Wolframs
betreffen zwei große Komplexe: 1. den Gral und alles, was
dazu gehört, seine Form und seine Eigenschaften, seine Verbindung mit den neutralen Engeln und der heidnischen Astro-
nomie; und 2. die Verwandtschaftsverhältnisse: bei Wolfram
gehören fast alle handelnden Personen zwei großen Familienverbänden an, der Mazadan- und der Titurelsippe, die in Parzival zusammenlaufen. In engster Beziehung dazu steht die von
Chrestien unabhängige Vor- und Nachgeschichte (Gahmuret
und Feirefiz). Wolframs künstlerische Leistung ist an den sach-
lichen Änderungen nur zum kleinen Teil ablesbar. Die verglei-
chende Betrachtung neigt leicht dazu, das Gemeinsame gering-
zuachten und die Unterschiede zu betonen; und durch die Anwendung einer primitiven Völkerpsychologie ist viel Unheil
angerichtet worden. Wenn man die Urteile der Romanisten und
der Germanisten über den künstlerischen Rang der beiden Dichter vergleicht, möchte man an der Möglichkeit einer objektiven
Wertung verzweifeln. Von Chrestien her gesehen wirkt der
›Parzival‹ wirr und unharmonisch, und der deutsche Dichter
scheint den poetischen Reiz mancher Szenen beinahe mutwillig

zerstört zu haben. Aus der Perspektive des ›Parzival‹ dagegen hat der ›Conte du Graal‹ nur die Anregungen geliefert, das Material, dem Wolfram eine neue Form und einen tieferen Sinn gegeben hat.

*b) Die Nebenquellen.* Durch den Nachweis der Abhängigkeit von Chrestien ist das Quellenproblem nur erst zum Teil gelöst. Die weitere Diskussion kreist um die Fragen, ob Wolfram für den durch Chrestien gedeckten Hauptteil seiner Dichtung noch andere Quellen benutzt hat und welche Vorlagen er für die Teile besaß, die unabhängig sind vom ›Conte du Graal‹ (Buch I–II, XIV–XVI). Hier können nur die wichtigsten Quellenbereiche kurz besprochen werden.

*Die Fortsetzungen des ›Conte du Graal‹.* Bereits in den ältesten Handschriften ist der echte Chrestien-Text von späteren Zudichtungen umgeben. Man unterscheidet zwei Prologe und vier Fortsetzungen. Die Chronologie dieser Stücke ist ganz unsicher; doch ist damit zu rechnen, daß der sog. Bliocadran-Prolog (800 Verse, in zwei Hss. überliefert) und die Erste Fortsetzung (der Umfang schwankt zwischen 9457 und 19606 Versen, elf Hss.) schon um 1200 entstanden sind. Der Bliocadran-Prolog zeigt eine Reihe von auffallenden Übereinstimmungen mit dem Ende der Gahmuretgeschichte, die um so schwerer wiegen, als sie im Gegensatz zu Chrestiens Bericht über Percevals Vater stehen. Die wichtigsten Punkte sind: (1) Parzivals Vater fällt im Kampf, (2) vor der Geburt seines Sohnes, (3) der sein einziger ist; (4) erst nach seinem Tod zieht die Witwe in die Einöde, um den Sohn vor den Gefahren des ritterlichen Lebens zu bewahren. Ist das Zusammentreffen zufällig? Haben Wolfram und der Bliocadran-Dichter aus einer gemeinsamen Quelle geschöpft? Wahrscheinlich enthielt Wolframs Vorlage bereits den Prolog. – Mit der Ankunft von Gauvains Boten am Artushof bricht der ›Conte du Graal‹ ab; darauf folgt unmittelbar die Erste Fortsetzung. Wolframs Darstellung hat sich schon seit dem XI. Buch immer weiter von Chrestien entfernt, und der Abschluß der Gramoflanz-Episode entspricht nur in groben Umrissen der Handlungsfolge in der Fortsetzung. Ein paar gemeinsame Motive (der Kampf zwischen Gawan und Gramoflanz wird um einen Tag verschoben; Artus versöhnt die Gegner auf Bitten Itonjes) deuten jedoch auf eine direkte Berührung. Vielleicht kannte Wolfram eine verstümmelte Fassung der Ersten Fortsetzung (wie sie die Hs. R überliefert), die nur bis zur Versöhnung mit Guiromelant reichte; denn von den weiteren Gauvain-Abenteuern gibt es bei ihm keine Spur. – Übereinstimmungen mit der jüngsten Fortsetzung von Gerbert sind mehrfach beobachtet worden. Hier scheint jedoch aus chronologischen Gründen eine direkte Abhängigkeit ausgeschlossen zu sein.

*Keltische Quellen.* Während diese Quellengattung in der Germanistik kaum noch diskutiert wird, rechnet die neuere Artusforschung (NITZE, LOOMIS, MARX, FRAPPIER u. a.) vielfach damit, daß Wolfram Zugang zu einer vor-Christienschen Parzival-Gral-Überlieferung hatte. Es gibt eine Reihe von Motiven im ›Parzival‹, die nicht von Chrestien stammen, aber in anderen Bearbeitungen des Stoffes wiederkehren. Sie finden sich am Anfang der Parzivalgeschichte (wie im ›Peredur‹ und ›Sir Percyvelle‹ ist das „Waldleben" breit ausgeführt) und vor allem in den Aussagen über den Gral (wie im ›Didot-Perceval‹ heilt Parzivals Frage den Gralkönig; wie im ›Perlesvaus‹ muß man den Gral *unwizzende* finden, und sein Anblick verleiht Jugendfrische; wie in den meisten Texten nach Chrestien ist der Gral ein magischer Speisespender); weniger deutlich sind sie in den übrigen Parzivalpartien (die Gestalt Lehelins, die bei Chrestien nicht vorkommt, verbindet Wolframs Dichtung mit den Fassungen, in denen das Rachemotiv eine größere Rolle spielt); und verschwindend gering in den Gawanteilen. In manchen Fällen mag der Zufall im Spiel sein; aber man gewinnt doch den Eindruck, daß Wolfram mehr von der Gralüberlieferung wußte als er aus dem ›Conte du Graal‹ erfahren konnte. Anderseits reichen die Parallelen nicht aus, um eine zusammenhängende Parzival-Gral-Handlung neben Chrestien zu erschließen; und gerade für die wichtigsten Neuerungen Wolframs (die Steingestalt des Grals, die Verbindung mit dem Orient usw.) gibt es in der keltisch-französischen Überlieferung keine Entsprechung. Wieweit Wolframs zusätzliches Wissen auf die Chrestien-Fortsetzungen zurückgeführt werden kann, wird sich mit Sicherheit erst entscheiden lassen, wenn die kritische Ausgabe der Fortsetzungen abgeschlossen ist.

*Orientalische Quellen.* Die zahlreichen orientalischen Motive im ›Parzival‹ können aus der europäischen Überlieferung des Stoffes nicht erklärt werden. Deswegen ist die Möglichkeit orientalischer Quellen wiederholt untersucht worden, nicht selten mit dem Anspruch, den ganzen Gralkomplex als ursprünglich orientalisch erweisen zu wollen (WESSELOFSKY, ISELIN, WEBER, ADOLF, WOLF u. a.; persischer Ursprung der Parzivalsage: SUHTSCHEK, FRANZ R. SCHRÖDER). Dabei wurde eine verwirrende Fülle von möglichen Anknüpfungspunkten aufgedeckt, die sich zum größten Teil gegenseitig ausschließen und auch geographisch weit voneinander abliegen (Ägypten, Äthiopien, Syrien, Persien, Afghanistan, Indien). Gerade die Leichtigkeit, mit der sich die Beziehungen zu den verschiedenen orientalischen Bereichen einstellen, vermindert das Gewicht der Parallelen; nicht ein einziges Ergebnis ist zum gesicherten Besitz der Forschung geworden. Nach Wolframs Angaben wird die Kenntnis vom Gral dem heidnischen Naturwissenschaftler (*fisîôn*) Flegetanis verdankt, der den Namen des Grals in den Sternen gelesen und diese Entdeckung in heidnischer Sprache beschrieben hat (454, 17ff.). PAUL HAGEN hat vermutet, daß sich in dem Namen *Flegetânîs* der Titel einer arabischen Weltbeschreibung: *Felek thâni = sphaera altera* verbirgt. Aber ein Buch solchen Titels ist nicht bekannt und seine Existenz nicht einmal wahrscheinlich. Im Umkreis des Grals häufen sich die orientalischen Motive: die Gestalt des heidnischen Gralsuchers, von dem Anfortas verwundet wurde; das Interesse der indischen Königin Secundille am Gral; die Verbindung des Priesters Johannes mit der Familie des Gralkönigs; die Liste arabischer Planetennamen in Kundries Berufungsrede; der Name *templeise* für die Gralbruderschaft; das Phönix-Motiv usw. Daneben bietet die Vor- und Nachgeschichte eine geschlossene Orienthandlung. Die Abenteuerfahrt in den Orient, der Dienst bei einem östlichen Herrscher und die Vermählung mit einer heidnischen Prinzessin waren beliebte Themen der höfischen Dichtung, für die es keiner orientalischen Quelle bedarf. Aber auffallend ist die stattliche Reihe echter orientalischer Ortsnamen im ›Parzival‹, neben vielen fabulösen. Im I. Buch kämpft Gahmuret im Dienst des Barucs von Baldac (= Bagdad) gegen zwei Brüder aus dem ägyptischen Babylon und belagert sie in Alexandria (14, 3ff.). Das erinnert von ferne an verschiedene Zeitereignisse, an die Belagerung Alexandrias durch Amalrich I. von Jerusalem im Jahre 1167 und an die Kämpfe während des dritten Kreuzzugs. Offenbar war Wolfram mit der politischen Konstellation im Orient vertraut, vermutlich durch mündliche Berichte. Auf demselben Weg können die meisten orientalischen Motive zu ihm gelangt sein.

*Lateinische Quellen.* In diesem Bereich geht es nicht um eine zusammenhängende Vorlage, sondern um die Spuren von Wolframs wirrer Gelehrsamkeit, die sich in zahlreichen lateinischen Namen niederschlägt. Die Namen der von Feirefiz besiegten Gegner (770, 1 ff.) scheinen größtenteils den ›Collectanea rerum memorabilium‹ (im Mittelalter unter dem Titel ›Polyhistor‹ weit verbreitet) des spätrömischen Geographen C. Julius Solinus entnommen zu sein, wahrscheinlich über eine lateinische (oder französische?) Zwischenstufe. Aus Solin und dessen Quelle Plinius wollte HAGEN auch die Schlangennamen (481, 8 ff.) und die Namen der Heilkräuter (484, 15 ff.) herleiten. Das Edelsteinverzeichnis (791, 1 ff.) und die Namen der antiken Steinkenner (773, 22 ff.) verdankte Wolfram offenbar einer Tradition, die durch den ›Liber lapidum‹ Marbods von Rennes und den Traktat ›De virtutibus lapidum‹ des Arnoldus Saxo vertreten wird. Der Satz: *ein stat heizet Persidâ, dâ êrste zouber wart erdâht* (657, 28–29) steht wörtlich in der viel gelesenen ›Imago mundi‹ von Honorius Augustodunensis: *Persida... in hac primum orta est ars magica* (I, 14). Aus lateinischer Überlieferung müssen auch die zahlreichen biblischen Namen und die theologischen Spezialkenntnisse stammen. Wolfram hat vielleicht den deutschen ›Lucidarius‹ und den ›Physiologus‹ gekannt, aber aus diesen Werken können nicht alle seine Informationen geschöpft sein. Die astronomisch-astrologischen Anspielungen im ›Parzival‹ setzen die Benutzung lateinischer Handbücher voraus, wie WILHELM DEINERT gezeigt hat. – Direkt oder indirekt aus lateinischen Quellen stammen sicherlich auch zwei Sagen, die Wolfram mit seinem Stoff in Verbindung gebracht hat. Auf den Zauberer Clinschor, der im ›Parzival‹ ein Neffe des Virgilius ist, hat Wolfram Teile der Sage vom Zauberer Vergil übertragen. Die Sage vom Priesterkönig Johannes wurde in Europa durch die Weltchronik Ottos von Freising bekannt. Ein angeblicher Brief des Johannes an den griechischen Kaiser Manuel I. mit der Schilderung der orientalischen Herrlichkeiten war gegen Ende des 12. Jhs weit verbreitet und könnte auch Wolfram bekannt geworden sein. Dagegen wird die Schwanrittersage auf mündlichen Berichten oder auf einer französischen Quelle beruhen. Bei Wolfram ist der Schwanritter Parzivals Sohn und trägt den Namen Loherangrin nach dem französischen Chanson-Helden Garin le Loherain. Es ist vielleicht kein Zufall, daß auch in der Gerbert-Fortsetzung Gralsage und Schwanrittersage miteinander verknüpft sind.

*Französische Quellen.* Wolframs Beziehungen zur zeitgenössischen französischen Literatur aufgehellt zu haben ist vor allem SAMUEL SINGERS und FRIEDRICH PANZERS Verdienst. Von besonderer Bedeutung sind ihre Nachweise für das Quellenproblem der Gahmuret-Vorgeschichte. PANZER hat auf Übereinstimmungen mit dem ›Ipomedon‹ im ersten Buch und mit dem ›Joufrois‹ im zweiten hingewiesen. Ob damit eine literarische Abhängigkeit bewiesen ist, mag dahinstehen; sicher ist, daß die Eingangsbücher aus dem Motivvorrat der französischen Dichtung schöpfen. Eine nahe Parallele zur Belacane-Feirefiz-Handlung bietet der mittelniederländische ›Moriaen‹ aus dem 13. Jh., der wahrscheinlich auf französische Quellen zurückgeht. Ein christlicher Ritter hat ein Liebesabenteuer mit einer Mohrenprinzessin und verläßt sie, bevor ihr Sohn geboren ist; der Sohn zieht später aus, um seinen Vater zu suchen. Moriaen ist in der niederländischen Dichtung Perchevaels Neffe, ursprünglich war er sein Sohn. Mit einer Quelle dieses Typs ist für das erste Gahmuretbuch zu rechnen, solange nicht bewiesen ist, daß der ›Moriaen‹-Dichter Wolframs ›Parzival‹ gekannt hat. Ein weiterer Quellenbereich für die Eingangsbücher ist vielleicht die zeitgenössische Geschichte. Den Anknüpfungspunkt bildet die Verbindung Gahmurets mit Anjou, dem Stammland der englischen Könige aus dem Haus Plantagenet. Gahmurets Erbland heißt *Anschouwe*, und *Anschevîn* ist sein ständiger Beiname; wie die Grafen von Anjou soll er von einer Fee abstammen. Diese Anspielungen sind das stärkste Argument zugunsten einer französischen Gahmuretquelle; denn einem französischen Dichter hat es gewiß nähergelegen als einem deutschen, seinen Helden durch die Verbindung mit einem englisch-französischen Fürstenhaus zu verherrlichen. (Der Nachweis, daß eine bestimmte Person aus dem Haus Anjou-Plantagenet als Vorbild für die Gahmuretfigur gedient hat, ist schwer zu führen; die Ähnlichkeit mit Richard Löwenherz reicht über ein paar Äußerlichkeiten nicht hinaus.) Allerdings widersprechen Wolframs Angaben zum Teil der historischen Wirklichkeit: Anschouwe ist bei ihm ein Königreich, und die Hauptstadt heißt Bealzenan. Die Namen der Anschevins: Gandin, Galoes und Gahmuret haben im Haus Anjou keine Parallele. Der Name Gandin führt dagegen in einen anderen Bereich: der König heißt nach der Stadt *Gandîne* (heute Haidin) in der Steiermark und ist als Herr der Steiermark gedacht. Seit dem Anfang des 13. Jhs waren die Burggrafen von Steyer mit dem niederösterreichischen Adelshaus von Anschowe verschwägert. SCHÖNBACHS Frage: „Zeichnet vielleicht Wolfram die Herren von Steyer aus, indem er sie, die Anschower, zu Anjous machte und Parzival zu ihrem Verwandten?" (AfdA 27, 1901, S. 154) hat noch heute ihre Berechtigung.

*Deutsche Quellen.* Nicht wenige Anregungen verdankte Wolfram der deutschen Literatur seiner Zeit, vor allem dem epischen Werk Veldekes und Hartmanns. Aus der ›Eneit‹ stammen nicht nur Namen der antiken Mythologie (Flegetone, Geometras u. a.) und Namen handelnder Personen (Antanor, Radament u. a.), sondern auch verschiedene Motive und Szenen. SCHWIETERING hat vermutet, daß die Minnehandlung der Gahmuretbücher, das Nebeneinander von Belacane und Herzeloyde, unter dem Eindruck der Dido- und Lavinia-Episode entstanden ist. Von Hartmann hat Wolfram zahlreiche Namen entlehnt, besonders aus dem ›Erek‹. Hartmanns Artusromane haben auch auf die Handlungsführung der letzten Bücher eingewirkt: der ›Erek‹ auf Parzivals Kampf mit Feirefiz, der ›Iwein‹ auf den Kampf mit Gawan. Noch enger ist die Beziehung zu den Legendendichtungen: im ›Armen Heinrich‹ ist das religiöse Parzivalproblem in nuce vorgebildet, wenn auch die Akzente etwas anders gesetzt sind. Die Bedeutung des ›Gregorius‹ für den ›Parzival‹ haben HERMANN SCHNEIDER und WAPNEWSKI herausgearbeitet. Aus dem ›Gregorius‹ könnte der Gedanke stammen, der Geschichte des Helden die Geschichte seiner Eltern voranzustellen (die Anregung dazu kann auch aus Frankreich gekommen sein, von Chrestiens ›Cligès‹ oder von Thomas' ›Tristan‹).

*c) Kyot.* Wenn wir Wolfram glauben dürfen, hat er die Materialien zum Ausbau seiner Dichtung nicht aus mannigfachen Überlieferungen selber zusammengeholt, sondern alles schon vereinigt gefunden bei seinem Gewährsmann Kyot: *ich sage iu als Kyôt las* (431, 2). Das sog. Kyot-Problem ist die Frage nach der Glaubwürdigkeit des Dichters: hat er tatsächlich eine Quelle benutzt, die die wesentlichen Erweiterungen gegenüber Chrestien bereits enthielt (das war von LACHMANN bis SINGER die herrschende Ansicht), oder ist die Kyotquelle fingiert (dieser Vermutung SIMROCKS stimmt heute die Forschung fast allgemein zu)? Der Verdacht einer Fiktion taucht auf, wenn man sich davon überzeugt, daß Wolframs detaillierte Angaben über die Person und Arbeitsweise seines Gewährsmannes voller Widersprüche und Unwahrscheinlichkeiten sind. Er nennt Kyot den *meister wol bekant* (453, 11), aber niemand außer Wolfram kennt ihn. Kyot ist angeblich ein Provenzale (416, 25), aber der Name ist nordfranzösisch (= Guiot; die provenzalische Form wäre Guizot). Der Provenzale Kyot hat in französischer Sprache gedichtet (416, 28): das wäre im 12. Jh. eine große Ausnahme. Kyot führt den Beinamen *la schantiure* (416, 21; *lascantiure* D, *latschanture* G), aber der Titel *le chantëor* „der Sänger" paßt nur auf einen lyrischen Dichter (nicht viel sinnvoller ist die Auflösung *l'enchantëor* „der Zauberer, Gaukler, Spielmann", die immerhin eine Verwechslung von *le* und *la* ausschließt). Kyot hat auch den Abschluß der Parzivalhandlung erzählt (827, 5–7), aber am Anfang von Buch XV behauptet Wolfram, daß noch niemand das Ende der Geschichte erfahren konnte (734, 1–3). Noch phantastischer sind die Aussagen über Kyots Quellen; danach benutzte Kyot 1. ein Buch *in heidenischer schrifte*, das er *ze Dôlet verworfen ligen vant* (453, 12–13) und das den Gralbericht des Heiden Flegetanis enthielt; um es zu verwerten, mußte er Heidnisch lernen und mußte getauft sein: *anders wær diz mær noch unvernumn* (453, 19); 2. eine lateinische Chronik, die er *ze Anschouwe* fand, nachdem er *der lande chrônicâ ze Britâne unt anderswâ, ze Francrîche unt in Yrlant* vergeblich durchforscht hatte (455, 9–11); darin fand er die Geschichte der Gralhüter, die Familientradition der Mazadan- und der Titurelsippe. Ganz dunkel bleibt, wie aus dem astronomischen Traktat und der Landeschronik ein Parzival-Gawan-Roman entstehen konnte. Angeblich erzählte bereits Flegetanis' Gralbuch *dise âventiur von Parzivâl* (416, 26); aber eine arabische Parzivalquelle ist unglaubwürdig. „Fabulistische Quellenangaben" waren im Mittelalter keine Seltenheit, und die Hörer werden sich über den fabulistischen Charakter nicht getäuscht haben.

Seitdem sich herausgestellt hat, daß der ›Conte du Graal‹ die Hauptquelle war und daß Wolframs Berufungen auf Kyot kein Vertrauen verdienen, fällt die Beweislast für die Existenz einer zweiten Quelle den Kyot-Anhängern zu. Sie müßten im ›Parzival‹ die Spuren einer zusammenhängenden französischen Vorlage aufdecken, die nicht mit Chrestiens Dichtung identisch ist. Das ist bisher jedoch nicht gelungen. Der Vergleich mit der französischen Gralüberlieferung (s. oben) läßt zwar die Möglichkeit offen, daß Wolfram älteres Erzählgut gekannt hat, aber die von Chrestien unabhängigen Motive wollen sich nicht zu einer geschlossenen Handlung runden. Außerdem entfernt sich Wolfram in vielen Punkten von der französischen Tradition des Stoffes. Eine französische Graldichtung, die alle Neuerungen Wolframs bereits enthielt, ist jedenfalls in Frankreich gänzlich unbekannt geblieben. Deswegen ist es sehr wahrscheinlich, daß Wolframs Kyotquelle ins Reich der Fabel gehört. Es bleibt jedoch zu erwägen, ob in der Quellenfiktion nicht wenigstens ein Wahrheitskern steckt. Die Ausführlichkeit, mit der Wolfram von den Quellen seines vermeintlichen Gewährsmannes spricht, ist in der höfischen Dichtung einzigartig. Angeblich hat Kyot ein Gralbuch und eine Familienchronik benutzt. Es ist nicht undenkbar, daß Wolfram damit seine eigenen Nebenquellen bezeichnet; denn die wichtigsten Erweiterungen gegenüber Chrestien betreffen eben diese beiden Komplexe, den Gral und die Familiengeschichte. Gewiß hat Wolfram keine heidnische Sterndeutung gekannt und wahrscheinlich auch keine angevinische Historiographie; aber eine (französische? orientalische?) Gral-Sonderquelle ist ebensowenig auszuschließen wie eine Vorlage für die Gahmuret-Feirefizhandlung.

Unerklärt ist bis heute der Name *Kyôt*. Für die Verteidiger Kyots ging es darum, eine Person zu finden, der man die Abfassung eines Parzivalromans zutrauen durfte. Von den zumeist abenteuerlichen Identifizierungsversuchen hat nur der Gedanke WACKERNAGELS größeres Ansehen erlangt, daß Kyot identisch sei mit dem nordfranzösischen Dichter Guiot de Provins, von dem ein moralisch-satirisches Werk, ›La Bible‹, und einige Lieder überliefert sind. Wolfram müßte die Stadt Provins mit der Provence verwechselt haben. Auch andere Erklärungen gehen davon aus, daß der Name auf einem Mißverständnis beruht. HEINZEL vermutete, Wolfram habe ein afrz. *ki ot* frz. qui eut) als Namen angesehen. GOLTHER verwies auf die alte Chrestien-Handschrift A, in der sich am Ende des ›Yvain‹ ein Schreiber namens Guiot nennt: *Cil qui l'escrist Guioz ot non*. Alle diese Ableitungen haben zur Voraussetzung, daß es tatsächlich eine zweite Quelle gab, die nach Wolframs Meinung von Kyot verfaßt war. Wenn die Quelle fingiert ist, macht die Erklärung weniger Schwierigkeiten. Guiot war ein verbreiteter Name. Wahrscheinlich hat Wolfram den Provenzalen Kyot genauso „erfunden" wie den Herzog Kyot von Katelangen (186, 21), den Vater Sigunes.

Die Frage nach Anlaß und Sinn der Quellenfiktion läßt der Vermutung breiten Spielraum. JOHN MEIER hat darin eine Antwort auf Gotfrids Vorwurf *vindære wilder mære* gesehen. Das ist ein reizvoller Gedanke, der auch erklären könnte, daß sich die erste Berufung auf Kyot erst im VIII. Buch findet. Kyot wäre dann ein Produkt der Fehde, eine Verhöhnung der quellentreuen und autoritätsgläubigen Dichter. Nicht weniger wahrscheinlich ist allerdings, daß Gotfrids Polemik speziell auf Kyot zielt. Denn woran anders soll Gotfrid gedacht haben, wenn er dem Gegner gaukelhaften Betrug und den Rekurs auf die schwarze Magie vorwirft, als an die erfundene Quelle mit den heidnischen Sterndeutungen eines Flegetanis? Eine polemische Absicht der Kyot-Fiktion wäre trotzdem nicht ausgeschlossen; sie würde sich in erster Linie gegen den Buchgelehrten Hartmann richten. Gotfrids Angriff auf Wolfram ist sicher nicht zufällig mit einer Verteidigung Hartmanns gepaart.

5. AUFBAU. Die eigene Komposition des ›Parzival‹ läßt sich verdeutlichen, wenn man von dem Strukturschema des Artusromans ausgeht, wie es von Chrestien geschaffen und von Hartmann adaptiert worden ist. Da Wolfram die Gesetzmäßigkeit dieser Form auch am Schluß, über seine Vorlage hinaus, beachtet hat, kann man sicher sein, daß er sich der Regeln dieses Bauprinzips bewußt war. Wie im ›Erek‹ und im ›Iwein‹ gibt es drei Artusszenen: die erste am Anfang der ritterlichen Karriere des Helden (Buch III); die zweite nach seinem raschen Aufstieg zu ritterlichem Ruhm (Buch VI); die dritte am Ende, wenn sich die Heldenlaufbahn erfüllt (Buch XIII-XV). Zwischen diese Ruhepunkte sind die beiden âventiure-Reihen (Buch III–VI und Buch VII–XIII) eingespannt, die den Helden durch die bunte Welt der höfischen Abenteuer zu höchster ritterlicher Bewährung führen. Als Sieger über Orilus (Buch V) und als Sieger über Gawan (Buch XIV) kehrt Parzival in den Artuskreis zurück. Dieses Wiederholungsschema wird ermöglicht durch den charakteristischen „Sturz" des Helden in der mittleren Artusszene, wenn seine gerade errungene Vorbildlichkeit unter einem spezifischen Vorwurf zusammenbricht. Der Höhepunkt der ersten âventiure-Fahrt ist das Abenteuer der Gralsburg, das ein erstes Abweichen von den Bauregeln des Artusromans erkennen läßt, insofern es auf Munsalvaesche nicht um eine ritterliche Bewährung des Helden geht. Parzival versagt, und dies Versagen bewirkt seinen Sturz. An dem Punkt dann, wo nach dem Gesetz der Form die zweite Abenteuerreihe einsetzen müßte, wechselt der Held, und statt von Parzival hören wir von Gawans Ritterzügen, die nun den epischen Vordergrund füllen bis zu Parzivals Rückkehr an den Artushof. Gawan übernimmt in strukturellem Sinn die Rolle Parzivals. Zwar zieht auch Parzival auf Abenteuer aus, aber er bleibt durch viele Bücher eine schattenhafte Hintergrundfigur. Nur einmal tritt er ins Licht

der Erzählung, im IX. Buch. Die Einkehr bei Trevrizent macht die Eigengesetzlichkeit der Parzivalgeschichte vollends deutlich: der Held muß die Ritterrüstung ausziehen, um das „Abenteuer" zu bestehen. Parzivals Bewährungsform ist die religiöse *âventiure*, während über seinen Rittertaten das Zwielicht von Schuld und Verkennung liegt. Die religiöse „Läuterungsfahrt" hat aber ihr sinnvolles Ende nicht mehr am Artushof. Darin besteht die zweite wesentliche Erweiterung des Romanschemas: die Parzivalhandlung reicht nach vorn und hinten über die umgreifenden Artusszenen hinaus. Chrestien hat der Ritterlaufbahn die Kindheit im Wald vorgebaut; das ist nicht nur eine biographische Verlängerung, sondern für Chrestien der Angelpunkt der ganzen Handlung; denn dort ereignet sich die Schuld, die dann die Geschicke des Helden bestimmt. Wolfram hat (letztlich gewiß den Intentionen Chrestiens entsprechend) Parzivals Weg über die dritte Artusszene hinausgeführt bis zurück nach Munsalvaesche; erst dort kommt die Bewegung zur Ruhe, die in seiner Kindheit begann. Auf diese Weise wird das ritterliche Artusschema (Buch III, VI, XIV–XV) von einem religiösen Gralschema (Buch III, V, IX, XVI) durchkreuzt und überhöht, und in der Spannung zwischen diesen Strukturformen liegt nicht zuletzt der künstlerische Reiz der ›Parzival‹-Komposition. Wolfram ist noch weiter gegangen und hat um dieses Doppelschema einen neuen Rahmen gelegt, der die Handlung zeitlich und räumlich ungeheuer erweitert: der Parzivalerzählung geht die Geschichte seines Vaters Gahmuret voraus (Buch I–II), die zum Schluß in der Feirefizgestalt wieder aufgenommen wird (Buch XV–XVI). Dadurch gewinnt die Dichtung eine zusätzliche Dimension.

Die Einteilung des ›Parzival‹ in sechzehn „Bücher" stammt von LACHMANN und hat sich durchgesetzt, da sie „die Auffassung des Zusammenhangs der Fabeln ungemein erleichtert" (Vorrede, S. IX) und die Hauptstationen der Handlung deutlich erkennen läßt:

| | | |
|---|---|---|
| I | Belacane | |
| II | Herzeloyde | Gahmuret |
| III | Waldleben, Artus, Gurnemanz | |
| IV | Condwiramurs | |
| V | Munsalvaesche | Parzival |
| VI | Artus | |
| VII | Obilot | Gawan |
| VIII | Antikonie | |
| IX | Trevrizent | Parzival |

Was die Bücher für die Komposition bedeuten, ist noch wenig untersucht. LACHMANN sah in ihnen Leseabschnitte, Vortragsgrenzen und hat sich bemüht, ihren Umfang etwa gleichmäßig zu gestalten. Im Durchschnitt hat jedes Buch 1550 Verse; im einzelnen schwankt der Umfang zwischen 900 (Buch XI) und 2100 Versen (Buch IX). Die Einteilung ist aus den Handschriften gezogen, hauptsächlich aus der St.Galler Handschrift D. In D gibt es 24 goldgeschmückte Initialen, von denen LACHMANN 16 für seine Buchgrenzen benutzt hat; ob die übrigen sechs (bei 129,5. 138,9. 249,1. 256,1. 446,1. 523,1; die Initialen bei 3,25 und 504,1 dienen nicht zur Bezeichnung von Großabschnitten) zurecht übergangen sind, ist mehrfach diskutiert worden, ohne entscheidendes Ergebnis. Durch sie werden vor allem die wichtigen Bücher III, V und IX weiter untergliedert, und die zusätzlichen Abschnittsgrenzen der Handschrift sind im ganzen nicht weniger sinnvoll als die von LACHMANN berücksichtigten. Nach der Einteilung von D treten die Siguneszenen, deren kompositorische Bedeutung längst erkannt worden ist, jeweils an den Anfang eines Buches. Deswegen können die Bücher III, V und IX nicht ohne weiteres als vom Dichter gewollte Einheiten betrachtet werden. Aber schon aus praktischen Gründen wird man nicht an LACHMANNS Einteilung rütteln. – Es ist schwer, gemeinsame Baugesetze der Bücher festzustellen. Meistens endet ein Buch mit Abschied und räumlicher Trennung, oft beginnt es mit einem Szenenwechsel oder mit einer allgemeinen Betrachtung. Innerhalb der Gahmueterzählung und der ersten Gawanpartie markieren die Buchgrenzen wichtige Einschnitte; in anderen Teilen der Dichtung, vor allem in der zweiten Gawanpartie, überwiegt die epische Kontinuität. Von größter Bedeutung für die Gesamtkomposition sind die Erzähleinheiten, die durch den mehrfachen Wechsel des Helden entstehen.

*Gawan.* Der Doppelroman als literarische Gattung (die wohl auf das Vorbild des antiken Romans zurückgeht) erscheint zum erstenmal bei Chrestien, vorbereitet im ›Lancelot‹, durchgeführt im ›Conte du Graal‹. Er hat seinen Fortsetzern damit eine unbequeme Hypothek hinterlassen; denn aus der fragmentarischen Dichtung ist nicht mehr mit Sicherheit zu erkennen, auf welche Weise er die voneinander unabhängigen und nur durch einen technischen Kunstgriff verschachtelten Stränge der Perceval- und Gauvainhandlung schließlich zu vereinigen gedachte. Noch in neuerer Zeit ist gelegentlich die Echtheit der gesamten Gauvainpartie angezweifelt worden; und man hat die Möglichkeit erwogen, daß Chrestien zwei unvollendete Romane hinterlassen habe, die nach seinem Tod durcheinander geraten seien, so daß die Doppelung der Helden sich als ein Spiel des Zufalls erkläre (die norwegische Übersetzung des ›Conte du Graal‹ hat Chrestiens Dichtung tatsächlich in zwei selbständige Romane, ›Parcevals saga‹ und ›Valvers þáttr‹, zerlegt). Dennoch scheint es heute sicher, daß die Überlieferung authentisch ist. Chrestiens Kompositionsabsicht ist vielleicht darin angedeutet, daß Gauvain im Auftrag des Königs von Escavalon (Vergulaht bei Wolfram) auszieht, um die Blutende Lanze zu suchen. Er tritt damit neben den Gralsucher Perceval und übernimmt einen Teil von dessen Aufgabe. Nicht zufällig wird von dem Einsiedler-Oheim nur die eine Zauberfrage („wen bedient man mit dem Gral?“) erklärt; die andere („warum blutet die Lanze?“) bleibt im ›Conte du Graal‹ ungelöst. Sollte Gauvain die Antwort darauf finden? So haben es die französischen Fortsetzer verstanden: am Ende der Ersten Fortsetzung gelangt Gauvain zur Gralsburg und erfährt, daß die Blutende Lanze mit dem Longinusspeer identisch ist. Zu diesem hohen Ziel will jedoch die höfische Unverbindlichkeit der Gauvain-Abenteuer nicht recht passen. Bei Chrestien ist Gauvain „moins quêteur que tourist de la prouesse mondaine“ (FRAPPIER).

Wolfram hat das Schema des Doppelromans übernommen, ohne es im Sinne Chrestiens weiterzuführen. Der deutsche Roman hat nur einen Helden: Parzival; nur er ist *des mæres hêrre* (338, 7), *der rehte stam* (678, 30), zu dem die Erzählung zurückkehrt, nachdem Gawan sie *ein wîl zuo sînen handen* (338, 2) haben durfte. An den Übergängen zwischen den Parzival- und Gawanteilen, die durch lange Digressionen markiert sind, spürt man die ungleiche Anteilnahme des Dichters: wenn Parzival die Handlung übernimmt (Anfang des IX., Ende des XIII. Buchs), begrüßt ihn Wolfram mit Emphase; wenn Gawan in den Vordergrund tritt (Anfang des VII. und des X. Buchs), sucht er nach Entschuldigungen (die zweite Gawanpartie beginnt mit den Worten: *Ez naeht nu wilden mæren* ... (503, 1): *wildiu mære* sind fremdartige, abgelegene, nicht zum eigentlichen Thema gehörende Geschichten!). Noch deutlicher spricht der Schluß. Wir wissen nicht, wie Chrestien die Gauvainhandlung weiterzuführen gedachte; Gauvain hat noch am Artushof das Abenteuer vom *Espee as Estranges Ranges* übernommen, und vermutlich sollte er dies Wunderschwert auch gewinnen. Ob die Erste Fortsetzung mit ihren 10–20000 Versen Gauvainhandlung den Intentionen des Meisters gerecht wird, kann man bezweifeln; aber ebensowenig entspricht Wolframs Lösung der Anlage Chrestiens. Kaum von dem Bann seiner Vorlage befreit, lenkt er einem Abschluß der Gawanhandlung zu. Der von langer Hand vorbereitete Zweikampf mit Gramoflanz wird durch das Dazwischentreten Parzivals vereitelt; Gawan heiratet Orgeluse und verschwindet aus der Dichtung. Auch bei Wolfram stehen zuletzt zwei Helden vor dem Gral, aber der zweite ist nicht Gawan, sondern Feirefiz.

Wolframs Konzeption zielt dahin, die beiden Handlungsstränge fester miteinander zu verbinden. Es gibt eine Fülle von offenen und versteckten Querverbindungen zwischen Gawans und Parzivals Abenteuern; aber es ist bisher nicht gelungen, das Nebeneinander der beiden Helden einheitlich zu deuten. Kundries Botschaft nennt zwei geheimnisumwitterte Burgen, Munsalvaesche und Schastel marveile. Die eine wird für Parzival zum Schicksal, die andere für Gawan. Beide beherbergen als größten Schatz ein Wunderding: den Gral die eine und die andere Clinschors Säule. In beiden geht es um die Erlösung von leidenden Verwandten, in beiden muß der Held den Zugang zum Abenteuer erfragen. Parzival und Gawan scheinen um dasselbe Ziel zu ringen, aber auf verschiedenen Ebenen: während Gawan sein Abenteuer durch ritterlichen Einsatz bestehen kann, muß Parzival erst der Gnade Gottes würdig werden, ehe ihm die Erlösung des Gralkönigs gelingt. Die darin angedeutete Gegenbildlichkeit der beiden Helden ist vielfach als das entscheidende Kriterium der Gawandarstellung angesehen worden. Gawan ist der typische Vertreter des Artusrittertums, dem in Parzival das neue Gralrittertum gegenübergestellt wird. Er ist der höfisch-galante Held, der von Liebesabenteuer zu Liebesabenteuer eilt, während Parzival in unwandelbarer Treue zu Condwiramurs hält. Er spielt auf der Oberfläche des Lebens, Parzival dringt in die innersten Tiefen. Solche Kontraste drängen sich auf; sie sind gewiß beabsichtigt, und gewiß ist damit für Wolfram eine Wertung verbunden. Aber man würde der Dichtung Gewalt antun, wenn man die Gawangestalt mit einseitig negativen Akzenten versähe. Gawan bewegt sich durch freundliche Landschaften, oft in höfischer Gesellschaft und mit einem festen Ziel vor Augen, während Parzival jahrelang alleine durch ungebahnte Wildnis irrt. Gawan vertraut in höchster Gefahr der Hilfe Gottes, während Parzival an ihr verzweifelt (568, 1 ff. und 461, 13 ff., mit deutlichem Anklang aneinander). Gawan lebt in der sicheren Welt eines gottbehüteten Rittertums, während Parzival die bedrohte Existenz des Erwählten führt. Manchmal scheinen sie sich ihre Rollen gegenseitig zuzuspielen: In dem Moment, da Parzival Gott absagt und den Gedanken an die geliebte Frau dafür einsetzt (332, 1 ff. 333, 23 ff.), tritt der „Frauenritter" Gawan in den Vordergrund. Wenn aber Gawan zur Gralsuche verpflichtet wird (428, 20 ff.; ein blindes Motiv, das offenbar nur „strukturelle" Bedeutung hat), wechselt die Szene zurück zum Gralsucher Parzival. Auch in den Gawanpartien verliert Wolfram seinen eigentlichen Helden niemals aus den Augen. Als Roter Ritter begleitet er Gawans Abenteuerweg vom Artushof über Bearosche und Schampfanzun bis zum Schastel marveile; wo immer Gawan hingelangt, Parzival ist gerade dort gewesen oder ist noch da, wie auf dem Schlachtfeld vor Bearosche, und Gawan vermeidet es dann, mit dem Doppelgänger zusammenzutreffen. So scheint die Gawanhandlung nur den Weg nachzuzeichnen, den Parzival im Hintergrund gegangen ist.

Dennoch behält die Gawanerzählung auch bei Wolfram ein episches Eigengewicht; und es wäre wohl nicht richtig, darin nur einen unaufgelösten Rest der „Funktionalisierung" zu sehen. Gawan ist mehr als die Folie, vor der Parzival seine Tiefe gewinnt. Daß er nicht unter dem Fluch der Berufung steht, macht ihn zu einem heiteren Gegenspieler, der mit unbeschwerter Selbstverständlichkeit alles das leistet, was Parzival verfehlt. Er geht *unschuldic* durch eine Welt von Verwirrungen, „gleichsam als Katalysator der Menschlichkeit" (MOHR). Seine Liebesabenteuer sind nicht so sehr Ausdruck eines leichtfertigen Charakters als vielmehr Exempla der höfischen Minne. Man ist versucht, die Hauptstationen: Obilot, Antikonie, Orgeluse im Sinne einer Entwicklung zu deuten. Aber Gawans immer gleiche Liebenswürdigkeit versagt sich einer solchen Interpretation; sein Wesen bleibt unverändert, nur der Grad seiner Anteilnahme am Geschehen wächst. Die Minnedarstellung wirkt überraschend lebendig und „menschlich", weil hier auf die übliche Idealisierungstechnik des höfischen Romans verzichtet ist (das gilt auch für die männlichen Gestalten der Gawan-bücher; besonders die Schatten im Bilde Vergulahts können Wolfram vor dem Vorwurf bewahren, er habe Chrestiens Charaktere durchweg „verschönt"). Man meint sogar einen leise parodistischen Einschlag zu spüren. Diese Züge verdienen mehr Beachtung als ihnen bisher zuteil geworden ist.

*Parzival.* Durch die eingeschobenen Gawanpartien wird die Parzivalhandlung in drei Teile zerlegt: Buch III–VI, Buch IX, Buch XIV–XVI. Der Sinn dieser Dreiteilung ist kaum von der äußeren Biographie des Helden her zu erfassen; denn die Teile stehen nur in einem lockeren Erzählzusammenhang, und zwischen ihnen liegen Vakua, deren Zeitumfang sich zwar berechnen läßt, in denen aber Parzival nur schemenhaft existiert. Erst der innere Weg des Helden schließt sie zu einer sinnvollen Einheit zusammen; es sind die drei Stufen seiner „Entwicklung": 1. der Abstieg in die Sünde (Artusrittertum), 2. die Umkehr (Trevrizent-Episode), 3. die Berufung durch Gott (Gralkönigtum).

Die erste Parzivalpartie erzählt den Aufstieg des Helden von törichter Waldjugend zu höchstem Ritterruhm. Von Ither gewinnt er die Rüstung; Gurnemanz lehrt ihn die Technik und Gesinnung, die er in den Kämpfen vor Belrapeire bewährt; in Condwiramurs erfüllt sich sein ritterliches Minnestreben; die Aufnahme in Artus' Tafelrunde ist Krönung und Abschluß dieser Laufbahn. Über dieselben Stationen läuft aber eine andere Bewegung, der Abstieg in die Sünde. Das ist zunächst ein ungewolltes und unbewußtes Hineintappen, das erst bei Trevrizent in die Klarheit des Bewußtseins gehoben wird. Ganz am Ende der ersten Partie, in Kundries Verfluchung, wird das Wort *sünde* zum ersten Mal auf Parzival angewandt (316, 23), und von da fällt ein Schatten zurück auf seine ersten Taten. Von Anfang an steht sein Handeln unter einem unheilvollen Zwang: überall wirkt und hinterläßt er Kummer und Leid. Zuerst müssen es die Waldvögel büßen, daß ihr Gesang *im sîniu brüstelîn erstracte* (118, 17); seinen Ausritt bezahlt die Mutter mit dem Tod; sein Eindringen bei Jeschute schafft ihr Not und Entehrung; Ither fällt unter seinem *gabilôt*; um seinetwillen erleidet Cunneware harte Strafe; bei Gurnemanz enttäuscht er die junge Liebe Liazes; Condwiramurs verläßt er nach kurzem Glück; auf der Gralsburg versäumt er die Frage; und schließlich wird die Tafelrunde durch ihn geschändet. Dies Unheil fließt nicht aus einem bösen Charakter (noch auf dem Tiefpunkt seiner Entwicklung besitzt Parzival *wâriu zuht bî manheit* und *scham ob allen sînen siten* 319, 5/7), sondern aus der falschen Richtung seines Strebens. Sein ganzes Denken und Trachten in dieser Partie ist auf das Ziel gerichtet, sich als Ritter zu bewähren; daraus erwachsen all die schlimmen Wirkungen. Um Ritter zu werden, verläßt er die Mutter; um der Rüstung willen tötet er Ither; und das Verlangen nach neuen Rittertaten treibt ihn von Belrapeire fort. So gelangt er zum Gral und versagt, weil er nur auf ein ritterliches Abenteuer gefaßt ist (246, 11 ff.) und nicht bemerkt, daß man dort anderes von ihm erwartet. Sigunes Fluch bringt ihn zum ersten Mal zur Besinnung, aber der Umfang seiner Verfehlung bleibt ihm noch verborgen. Immerhin kann er jetzt einen Teil des früher gestifteten Unheils gutmachen: er rächt Jeschute und Cunneware und befreit sie aus unschuldigem Leiden. Selbst diese Taten dienen jedoch in erster Linie der Darstellung seines Rittertums; wo ritterliches Tun nicht ausreicht, bleibt das Leid ungesühnt. Am Artushof empfängt er dann die höchste ritterliche Auszeichnung. Das prophetische Wort des Ritters im Wald: *ir mugt wol sîn von ritters art* (123, 11) ist herrlich in Erfüllung gegangen. Parzival ist der inneren Stimme seines *art* gefolgt, seines angestammten Wesens. Als Artusritter glaubt er seine Bestimmung gefunden zu haben, und die Erfahrung scheint ihm recht zu geben: in einem Monat wird aus dem walisischen Toren ein hochgeachtetes Mitglied der Tafelrunde. Aber in dem Moment seines höchsten Triumphes erfolgt der Sturz: Kundrie verflucht ihn, stellt seine Taten unter das Gesetz der Sünde und trifft ihn an dem emfindlichsten Punkt; er hat seine Bestimmung verfehlt und sich am Erbe seines Vaters vergangen: *von Anschouwe iwer vater hiez, der iu ander erbe liez denn als ir habt geworben* (317, 13–15). Parzival reagiert darauf mit dumpfem Trotz; er scheidet sich von den Menschen und von der Gemeinschaft mit Gott. In der verzweifelten Frage: *wê, waz ist got?* (332, 1) klingt das erste Wort des Kindes wieder auf: *ôwê muoter, waz ist got?* (119, 17). Von Gott weiß Parzival jetzt sowenig wie damals; und dies Nichtwissen ist offenbar der Grund für sein Scheitern. Als er im Wald die Ritter traf, meinte er, *daz ieslîcher wære ein got* (120, 28), und die Vorstellungen verwirrten sich für ihn in der Weise, daß Gott ganz hinter der glänzenden Erscheinung der Ritter verschwand. Der *ritter got* (123, 21 nach den Handschriften der *D-Klasse; LACHMANN liest mit G: *ritter guot*) blieb für ihn später, als er die irdische Wirklichkeit des Rittertums kennenlernte, eine Art Oberritter, dem er sich in Lehnstreue verbunden fühlte und von dem er Hilfe im Fall der Gefahr erwartete. Da nun der Fluch ihn trifft, schiebt er die Schuld auf Gott und sagt ihm den Dienst auf: *nu wil i'm dienst widersagn: hât er haz, den wil ich tragn* (332, 7–8). An dieser Stelle ist nicht mehr zweifelhaft, daß Kundrie mit Recht von *sünden* gesprochen hat; denn eine Haltung, die zur Empörung gegen Gott führt, ist sündig schlechthin. Aber Parzival widersetzt sich dieser Einsicht. Er scheidet aus dem Artuskreis mit dem Plan, ein Ritterdasein ohne und gegen Gott zu führen.

Die Einsiedlerepisode besitzt schon im ›Conte du Graal‹ zentrale Bedeutung. Wolfram hat sie zum geistigen Mittelpunkt der Dichtung ausgebaut (die 300 Verse Chrestiens sind auf das Siebenfache erweitert), wo alle Fäden der inneren Handlung zusammenlaufen. Viereinhalb Jahre lang hat Parzival im Trotz gegen Gott gelebt und hat vergeblich nach dem Gral gesucht. Das Karfreitagserlebnis leitet die Umkehr ein. Dem Anruf der *hôhen triwe* Gottes (448, 10), der aus Liebe zu den sündigen Menschen am Kreuz gestorben ist, antwortet Parzivals *triuwe*, sein mütterliches Erbe, und läßt ihn zum ersten Mal die Größe des Schöpfers erkennen: *sît Herzeloyd diu junge in het ûf gerbet triuwe, sich huop sîns herzen riuwe. alrêrste er dô gedâhte, wer al die werlt volbrâhte, an sînen schepfære, wie gewaltec der wære* (451, 6–12). Das ist der Durchbruch zu einer neuen Haltung. Der Gedanke an Gottes Allgewalt öffnet ihm die Augen für die eigene Sündhaftigkeit; mit den Worten: *ich bin ein man der sünde hât* (456, 30) tritt er in Trevrizents Klause. Das große Gespräch mit Trevrizent ist eine Reise in die Vergangenheit. Sein ganzes Leben rollt noch einmal vor ihm ab, mühsam heraufgeholt aus der Erinnerung und geläutert zu Erkenntnis und Geständnis. Dabei muß Parzival erfahren, wie heillos tief er unwissentlich in Sünde verstrickt ist: er hat den Tod der Mutter verschuldet, er hat in Ither einen Verwandten erschlagen, und auf Munsalvaesche war es sein leiblicher Onkel, der durch sein Schweigen unerlöst blieb. Als Wurzel seiner Sündhaftigkeit erkennt Trevrizent die *hôchvart*, die Ursünde Lucifers, die Verabsolutierung des eigenen Selbst. Er hat sich als Ritter verwirklichen wollen, ohne nach Gottes Willen zu fragen. In Trevrizents Belehrung ersteht das neue Gottesbild des *wâren minnære* (466, 1), der seinen *lôn* nicht nach menschlichem *dienst* bemißt, sondern in seiner unerschöpflichen Gnadenfülle alle Menschen liebend umfaßt. Diesem Gott soll der Mensch in *diemüete* begegnen und seinem Ratschluß vertrauend sich hingeben: *diemüet ie hôchvart überstreit* (473, 4) ist die zentrale Lehre des IX. Buches. Als ein innerlich Gewandelter scheidet Parzival von dem Oheim. Er bleibt Ritter und streitet weiter nach dem Gral, aber nicht mehr in *hôchvart* und Trotz, sondern in *diemüete*.

Die dritte Parzivalpartie ist unabhängig von Chrestien. Sie dient in erster Linie dem Abschluß der vielen offenen Handlungsfäden; und darüber kommt *des mæres hêrre* fast zu kurz. In den Kämpfen gegen Gawan, Gramoflanz und Feirefiz beweist er sein überlegenes Rittertum, aber vor allem der Zweikampf mit Gramoflanz trägt wenig zum Bild des innerlich gewandelten Gralsuchers bei. Auch das Interesse an der wunderlichen Gestalt des gescheckten Halbbruders lenkt vom Helden ab. Vom inneren Zustand Parzivals erfahren wir in den letzten Büchern nicht mehr viel. Nur aus der Handlung wird ersichtlich, daß der Same, den Trevrizent gepflanzt hat, herrlich aufgegangen ist. Als Parzival von dem Oheim schied, waren noch zwei Stationen seines alten Sündenwegs unbewältigt geblieben: Condwiramurs und der Gral. Der *unverzaget mannes muot*, das Erbe Gahmurets, läßt ihn ausharren im *schildes ambet umben grâl*; und die *grôze triwe* (732, 8) seiner Bindung an Condwiramurs ebnet ihm den Weg dahin. In ihr bewährt Parzival eine wesentliche Forderung des Gralkönigtums, vor der sowohl Anfortas wie Trevrizent versagt haben, als sie gegen das Minnegebot verstießen. Noch einmal gerät er in die Gefahr des Brudermords, als ihm Feirefiz unerkannt entgegentritt; aber *got des niht langer ruochte* (744, 14): gnädig läßt er das sündige Ither-Schwert zerbrechen und verweigert Parzival zum ersten Mal den Sieg. Etwa sieben Wochen nach der Einkehr bei Trevrizent erscheint dann *der süeze mære tac* (774, 30), der Parzival zur *krône menschen heiles* (781, 14) macht. Unter dem Zeichen der Gnade wiederholt sich der Vorgang des VI. Buchs: Parzival wird wieder in die Artusrunde aufgenommen, und wieder erscheint die Gralsbotin Kundrie, aber statt des Fluches bringt sie die Berufung: *du hâst der sêle ruowe erstriten und des lîbes freude in sorge erbiten* (782, 29–30). Die Erlösung Anfortas' und die Vereinigung mit Condwiramurs beenden den Weg, der einst im Wald begann. Parzival hat schnell *der werlde hulde* gewonnen und hat durch furchtbare Verirrungen gehen müssen, um zu lernen, daß diese *hulde* nur Bestand hat, wenn *got niht wirt gepfendet der sêle durch des lîbes schulde*. Zuletzt besitzt er beides, die Gnade Gottes und die Achtung der Welt: *daz ist ein nütziu arbeit* (827, 20–24).

*Gahmuret-Feirefiz.* Die Umrahmung der Parzivalerzählung durch die Gahmuret-Vorgeschichte und das Feirefiz-Nachspiel ist die bedeutendste stoffliche Neuerung gegenüber Chrestien. Wolframs Held steht in einer festen Familientradition, und sein Wesen ist vom Erbe der Vorfahren geprägt. Die Abenteuer des Vaters weisen voraus auf das Schicksal des Sohns: wie Gahmuret in ritterlichem Kampf Belacane aus der Not der Belagerung befreit und ihre Liebe gewinnt, so wird Parzival vor Belrapeire kämpfen und Condwiramurs gewinnen; und er wird sie nach kurzem Glück verlassen wie einst Gahmuret die schwarze Königin. Dem Vater erwächst daraus keine Schuld; sein Leben spielt im heiteren Bereich ritterlicher Abenteuer und höfischer Galanterie, noch unbeschwert vom Fluch der Sünde. Als ihm einmal im Kampf sein Vetter Kailet entgegentritt, erkennt er rechtzeitig die Gefahr, während der Sohn in gleicher Situation sich schwer an seinem Blut versündigt. Vom Vater sind Parzival *kiusche*, *triuwe* und *stæte* angeboren, und dieses Erbe hat er nie verleugnet. Daß gerade die *stæte* eine Gahmuret-Tugend ist, scheint verwunderlich angesichts seiner Liebesabenteuer. Hier erkennt man hinter der galanten Oberfläche den ernsten Antrieb seines Handelns. Sein Leben wird bestimmt von dem Entschluß, nur dem dienen zu wollen, *der die hœhsten hant trüege ûf erde übr elliu lant* (13, 13–14). Diese ihm eigene Suche nach dem Höchsten läßt ihn nicht zur Ruhe kommen. Er zieht bis in den Orient und glaubt im Baruc den Höchsten gefunden zu haben; aber seine Sehnsucht treibt ihn weiter: zu Belacane, zu Herzeloyde, zurück zum Baruc und in den Tod. In diesem Suchen ist er immer *stæte* geblieben; das ist vielleicht seine wichtigste Erbschaft an den Sohn. Auch Parzivals Weg ist ein Suchen nach der *hœhsten hant*, und durch alle Fährnisse hindurch wird Gahmurets *unverzaget mannes muot* ihm die Kraft geben, unbeirrt an seinem Ziel festzuhalten. Was Gahmuret nicht vergönnt war, erreicht Parzival; er findet das Höchste: den Gral und die Versöhnung mit Gott.

Die Handlung um Belacane und Feirefiz führt über Parzivals Vatererbe hinaus. Am Anfang steht bedeutungsvoll der Ehebund des Christen und der Heidin, der nicht zuletzt an dem religiösen Gegensatz zerbricht (55, 24ff.). Am Ende läßt Feirefiz sich taufen, und aus seiner Ehe mit Repanse de Schoye wird die christliche Endzeitfigur des Priesterkönigs Johannes geboren. Diese Thematik (die dann im ›Willehalm‹ in den Mittelpunkt rückt) verleiht der Dichtung einen zusätzlichen Bedeutungshorizont. Das Elsterngleichnis des Prologs (1, 3ff.) bezieht sich offenbar nicht nur auf den innerlich gescheckten Helden Parzival und die christliche Problematik von Sünde und

Gnade, sondern zugleich auch auf den heilsgeschichtlichen Gegensatz von christlichem Glauben und heidnischem Unglauben, der an Parzivals elsternfarbigem Bruder sichtbar ist. Am Schluß sind beide Gegensätze überwunden: Parzival hat zu Gott gefunden, und Feirefiz' Taufe führt zur Christianisierung des heidnischen Orients (822, 28 ff.). Die heilsgeschichtlichen Motive, die in Wolframs Darstellung anklingen, entziehen sich einer fest zugreifenden Interpretation. Es hat jedoch den Anschein als sei im ersten Buch eine vorchristlich-urzeitliche Heidenwelt gespiegelt, in der den Menschen, die noch nicht von Gott wissen, der Heilsweg *sola fide* offensteht, so daß Belacanes schwarze Reinheit der Taufe gleichgesetzt werden kann: *ir kiusche was ein reiner touf* (28, 14). Das letzte Buch zeichnet dann die Heidenwelt der Endzeit, in der die Botschaft Gottes den Unglauben überwindet. Dazwischen liegt die christliche Ära Parzivals, dessen Weg wiederum in geheimnisvoll-halbdeutlicher Weise auf die Stationen der Heilsgeschichte hinweist: am Anfang das „paradiesische" Waldleben, in das die Sünde einbricht; in der Mitte das Karfreitagserlebnis: Gottes Menschwerdung und Erlösungswerk; am Ende das endzeitliche Reich des Grals. Vielleicht liegt in dieser heilsgeschichtlichen Analogie der eigentliche Sinn der Gahmuret-Feirefizumrahmung. Von daher ließe sich auch der eigentümliche Erzählton dieser Partien verstehen: die Heiterkeit der „vor-sündigen" Gahmuretwelt, und zuletzt das Lachen der Seligen in der Minne-Komödie um Feirefiz' Taufe.

Wolframs gelegentliche Hinweise auf seine Kompositionstechnik bedienen sich nicht gelehrter Begriffe, sondern poetischer Umschreibungen, deren Aussage erst durch Interpretation erschlossen werden muß. Die Worte des Prologs: *disiu mære... vliehent unde jagent, si entwîchent unde kêrent, si lasternt unde êrent* (2, 10–12) zielen offenbar auf eine „Erzählform des Verschweigens und späteren Enthüllens" (WALTER J. SCHRÖDER), die bereits Chrestien in seiner Graldarstellung angewandt hat und die Wolfram an einer anderen Stelle durch das Paradox der *senewen âne bogen* (241, 8) umschreibt. Wenn Parzival zum ersten Mal nach Munsalvaesche gelangt, bleiben die Geheimnisse des Grals auch den Hörern verborgen. Dadurch wird nicht nur eine epische Spannung geschaffen, die sich auf die späteren Erklärungen Trevrizents richtet, zugleich wird auch die Darstellung mit dem Erkenntnisvorgang des Helden verknüpft. Diese Technik findet sich bei Wolfram allenthalben: scheinbar beiläufig werden Namen und Begebenheiten erwähnt, deren volle Bedeutung sich erst allmählich enthüllt. Das ganze Werk ist mit einem Netz solcher Andeutungen und Rückverweise überzogen. Im Zusammenhang damit steht das wiederholte Zusammentreffen mit denselben Personen und die Rückkehr an dieselben Orte: zweimal kommt Parzival nach Munsalvaesche, zweimal trifft er Jeschute, dreimal gelangt er an den Artushof, dreimal betritt er Trevrizents Klause, viermal begegnet ihm Sigune. Die Siguneszenen, die Wolfram aus der einen Begegnung Percevals mit seiner *germainne cosine* im ›Conte du Graal‹ geschaffen hat, sind Schicksalsmarken an Parzivals innerem Weg; zugleich stehen sie untereinander in einem Entwicklungszusammenhang, der von der Klage um den gerade erschlagenen Geliebten bis zur Vereinigung im Tode reicht. Durch diese zeitliche Bewegung der Handlung wird das statische Wiederholungsschema überwunden. Wolfram hat seiner Dichtung ein genaues Zeitgerüst zugrunde gelegt, mit dessen Hilfe die Dauer der Parzivalabschnitte exakt berechnet werden kann und das auch für die Gawanpartien gilt. Die Bewegung der Zeit dokumentiert sich als Geschichte. Die durchgehende Historisierung des Geschehens ist einer der auffälligsten Kompositionsgedanken gegenüber Chrestiens märchenhaft-zeitloser Darstellung. Das Abenteuer von Schastel marveile wird von Wolfram in eine Geschichte Clinschors eingebaut, und der Gral wird historisch bis zum Weltanfang und den neutralen Engeln zurückgeführt. Selbst die Nebenhandlungen und -figuren bekommen eine Vorgeschichte, der Streit zwischen Meljanz und Lippaut ebenso wie die Gestalt der häßlichen Gralsbotin, und sogar das eigene Werk des Dichters wird durch die Verbindung mit Kyot und darüber hinaus mit Flegetanis und den Landeschroniken historisiert. Geschichte heißt im ›Parzival‹ in erster Linie Familiengeschichte. Von 182 namentlich genannten Personen gehören 113 zwei großen Familienverbänden an, der Artus- und der Gralsippe, die in weitverzweigten Stammbäumen auf die Urväter Titurel und Mazadan zurückgeführt werden können (die Gurnemanz-Kyotsippe ist durch mehrfache Heirat mit den beiden großen Familien verwandt). Außerhalb dieser Verbände bleiben nur die „Gegen-Familien", die Feinde des Artus- und Gralbereichs, vor allem das Clamide-Orilusgeschlecht (mit neun namentlich genannten Personen), für deren düsteres Wesen kennzeichnend ist, daß sie ihre Gegner im Kampf erschlagen, während von der Artus-Gralsippe kein ritterlicher Feind getötet wird (um so furchtbarer ist Parzivals „Brudermord" an Ither). Diese verwickelten Verwandtschaftsverhältnisse klären sich erst allmählich im Verlauf der Erzählung und fordern vom Leser ein aufmerksames Mitdenken und Einordnen. Da die Verwandtschaft oft mehrere Generationen zurückreicht, ist das Familiengeschehen ständig in zeitlicher Bewegung. Die Stammbäume enden in den Hauptpersonen des Romans: letzter männlicher Erbe der Gralfamilie ist Parzival, letztes Glied des Artusgeschlechts ist Gawan (und sein Bruder Beacurs), letzter Sproß der Gurnemanzsippe ist Condwiramurs. Da aber Parzival durch seinen Vater auch mit Artus verwandt ist, laufen schließlich alle Fäden der Verwandtschaft in ihm zusammen. Sein Weg ist von Verwandten umstanden; er geht aus von der Familie und mündet in ihr. Das Prinzip der Parzivaldarstellung ist angedeutet in dem Prologvers: *er küene, træclîche wîs* (4, 18); langsam, „verdrossen", auf Umwegen gelangt Parzival zur *sapientia* (während die *fortitudo* ihm angeboren ist), zur Einsicht in die Zusammenhänge der Welt und des eigenen Wesens. Dieser Prozeß wird am deutlichsten in der Sukzession der drei Lehren, die jeweils dem Stadium seines inneren Weges entsprechen: die Mutter belehrt den Toren, Gurnemanz den Ritter und Trevrizent den Sünder. Parzival gelangt zuletzt über alle drei hinaus und vollbringt, was Trevrizent für unmöglich hielt. Von seinen Verwandten wird er belehrt, und an seinen Verwandten versündigt er sich: er verschuldet den Tod der Mutter, er tötet Ither und er verlängert Anfortas' Not. Hier verknüpft sich die Familienhandlung eigentümlich mit Parzivals Sünden- und Gnadenweg. Als er die Mutter verließ, wußte er nichts von sich, nicht einmal seinen Namen, und nichts von den Verwandtschaftsbeziehungen, in die er hineingeboren ist. In demselben Maß, in dem sich ihm diese Beziehungen allmählich erhellen und er durch Sigune, Kundrie und Trevrizent über seine Abstammung aufgeklärt wird, wächst auch das Bewußtsein seiner selbst. Erst wenn er erfährt, daß Ither sein Verwandter war, kann er das ganze Ausmaß seiner Schuld begreifen. Zuletzt erkennt er seine Bestimmung im Gralkönigtum, das ihm längst durch Familienerbe vorbestimmt war: *er was ouch ganerbe dar* (333, 30). So zeigt die Parzivalgeschichte den exemplarischen Vorgang eines menschlichen Bewußtwerdens, den Aufstieg zur Erkenntnis des eigenen Wesens, das von einer langen Geschlechterfolge vorgeprägt ist.

6. RELIGIÖSE PROBLEMATIK. „Das Kernmotiv der Parzivalsage ist... die Unterlassung der Frage. Nimmt man dies Motiv heraus..., so hört die Parzivalsage auf Parzivalsage zu sein"

(FRANZ R. SCHRÖDER). Dieses Motiv wurde den höfischen Dichtern zum Problem: warum fragt Parzival nicht? Sie haben sein Schweigen aus seiner Sündhaftigkeit erklärt und so der ganzen Erzählung einen neuen Sinn gegeben. Dabei blieb jedoch ein „Rest von Unklarheit" (MOCKENHAUPT) bestehen, der sich daraus erklärt, daß das Märchenmotiv der Frageverfehlung sich nicht nahtlos einer *interpretatio christiana* einfügen ließ. Auch die rigoroseste Sündenlehre kann die einfache Tatsache, daß Parzival eine von ihm erwartete Frage nicht stellt, nicht schlechthin als Sünde werten. Deswegen hat schon Chrestien Percevals Schweigen doppelt begründet. Als er den Gral und die Blutende Lanze erblickte, lag die Frage nach diesen Wundern nahe; aber „er war eingedenk der Warnung dessen, der ihn zum Ritter schlug, der ihn lehrte und unterwies, er solle sich hüten, zu viel zu reden...; deshalb fragte er nicht" (3206 bis 3212). Dieses ehrbare Motiv, sein Schweigen aus höfischem Anstand, bekommt aber später in der Interpretation des Einsiedler-Oheims einen eindeutig negativ-sündhaften Akzent. Zwar war das Schweigen selbst keine Sünde, aber Sündenfolge, und Perceval hätte gar nicht fragen können, weil die Sünde ihm „die Zunge abgeschnitten" hatte (*Pechiez la langue te trancha* 6409). Chrestien schafft damit einen Kausalzusammenhang zwischen dem epischen Kernmotiv der Frageversäumnis und den Anfängen der Percevalhandlung. Denn die Sünde, die auf Perceval lastet und sein Schweigen verursacht, ist seine Schuld am Tod der Mutter, die er umfallen sah, als er gegen ihren Wunsch in die Welt hinausritt: „So fügte es sich wegen der Sünde, die du damit auf dich geladen hast, daß du nicht nach der Lanze noch nach dem Gral fragtest, und manch andere Übel sind dadurch über dich gekommen" (6399–6402). Auch die fünfjährige Gottesferne ist eine Folge der ersten Sünde, die ihn so seiner Sinneskräfte beraubt hat, „daß er sich Gottes nicht mehr erinnert" (6219). Dieser „Schuldautomatismus", der uns heute fremdartig anmutet, findet seine Erklärung in der Sündenlehre Augustins. Danach schafft eine wissentlich begangene Hauptsünde einen Zustand der Sündenstrafe (*poena peccati*), der dadurch gekennzeichnet ist, daß der Sünder den vernünftigen Gebrauch seiner Sinne einbüßt (*ignorantia*) und unfähig wird, Gutes zu tun.

Wolframs Darstellung weicht in mehreren Punkten von Chrestien ab: 1. ist die Zahl der Sünden erhöht; zu den drei Sündenmotiven des ›Conte du Graal‹ (Tod der Mutter, Frageversäumnis, Gottesferne) kommt ein viertes: die Tötung Ithers (dem französischen Perceval wird der Tod des Roten Ritters nicht als Schuld angerechnet). 2. hat Wolfram das Gewicht der Sünden anders verteilt; einerseits ist Percevals Gottesferne zum Gotteshaß gesteigert; anderseits ist die Schuld am Tod der Mutter gemildert. Auch bei Wolfram ist die Unterlassung der Frage das epische Kernmotiv. Sigune und Kundrie deuten Parzivals Versagen als einen Verstoß gegen die *triuwe*, als Erweis mangelnder *erbärmde*. Daher hat man in der „Verletzung der religiös-ethischen Grundtugend der *triuwe*" Parzivals „schwerste Schuld" gesehen (SCHWIETERING) und hat im Sinne des Prologs (*ein mære... daz seit von grôzen triuwen* 4, 9–10) den *triuwe*-Verstoß als geistigen Angelpunkt der Dichtung interpretiert. Diese Auffassung findet jedoch an anderen Textstellen keine Stütze. Sigune nimmt ihren Fluch zurück, noch ehe Parzival vom Bann der Sünde befreit ist; und Kundrie bittet später um Verzeihung für ihre maßlosen Anklagen. Dem Helden fehlte es nicht an *triuwe* und *erbärmde*, als er vor Anfortas schwieg; *triuwe* ist ihm angeboren: jede Begegnung mit den Verwandten bestätigt das aufs neue; *erbärmde* hat er schon an den Vögeln im Wald geübt, und er beweist sie, unmittelbar nach dem Versagen in Munsalvaesche, erneut an Sigune und Jeschute. Wichtiger ist, wie Trevrizent Parzivals Sünden sieht; denn er ist der einzige, der den ganzen Umfang der Versündigung überschaut und der bis zur Wurzel der Schuld vordringt. Er reagiert merkwürdig milde auf das Geständnis der Frageversäumnis, die am schwersten auf Parzivals Gewissen lastet: *die sünde lâ bî dn andern stên* (501, 5), „diese Sünde gehört ja zu den andern" (WAPNEWSKI). Damit wird angedeutet, daß die Verfehlungen in einem inneren Zusammenhang stehen. Schon vorher, als Parzival seinen Gotteshaß gestand, hatte Trevrizent sofort weitergefragt, *waz ir kumbers unde sünden hât* (467, 21); er hatte erkannt, daß die Empörung gegen Gott aus Sünde entstanden war, und hatte nach dem Ursprung geforscht, *wie der zorn sich an gevienc, dâ von got iwern haz enpfienc* (462, 5–6). Nachdem Parzival seinen Namen genannt hat, wird für Trevrizent der Zusammenhang klar: *du treist zwuo grôze sünde: Ithêrn du hâst erslagen, du solt ouch dîne muoter klagen* (499, 20–22). Diese zwei Sünden stehen für Trevrizent im Mittelpunkt; sie haben die Depravierung der Verstandeskräfte zur Folge, die *ignorantia*, eine sündige *tumpheit*. Als Parzival vor Anfortas schwieg, haben seine Sinne ausgesetzt (488, 26ff.), und so hat er neue Sünde auf sich geladen; als er sich von Gott lossagte, hat ihn sein Verstand verlassen (463, 1 ff.), und so ist er der schwersten Sünde verfallen.

Es zeigt sich somit, daß Wolframs Schulddarstellung grundsätzlich dem ›Conte du Graal‹ verpflichtet bleibt. Wolfram hat den
Kausalnexus nicht so scharf betont wie Chrestien, aber auch
für ihn beginnt Parzivals Sünde mit dem Eintritt in die Welt
und zeugt fortwirkend Sünde. Der Prozeß der immer tieferen
Verstrickung des Helden erscheint bei Wolfram noch konsequenter, da er bis an die Pforten der Hölle, zur bewußten Rebellion gegen Gott führt. Auch Wolframs Darstellung ist, wie
EHRISMANN, MAURER und vor allem WAPNEWSKI gezeigt haben, aus der Sündenlehre Augustins zu verstehen. Der wichtigste Unterschied gegenüber Chrestien liegt in der fast paradoxen
Unschuld des Sünders Parzival. Der junge Perceval sah seine
Mutter umfallen und ist trotzdem fortgeritten; das war eine
handfeste Schuld, ob sie nun christlich als Sünde interpretiert
wird oder nicht. Wolframs Parzival weiß nichts von dem Geschick der Mutter; er weiß nicht, daß Ither sein Verwandter,
daß Anfortas sein Onkel ist. Ist es Sünde, daß er der Stimme
seines *art* gehorcht und in die Welt zieht, um Ritter zu werden?
Ist es Sünde, daß er sich Ithers Rüstung erkämpfen will, die
König Artus ihm zugesagt hat? Ist es gerecht, daß er für Taten
bestraft wird, die er unwissentlich und unwillentlich begangen
hat? Ist sein Trotz gegen ein unverdientes Schicksal nicht eher
positiv zu werten? So hat man gefragt und hat Parzivals unschuldiges Schuldigwerden als „die tragische Situation des
Menschen in der Welt" interpretiert (MAURER), hat darin einen
Hauch des antiken Dramas gesehen (SIMSON). Es gibt einen
unauflöslichen Rest in Wolframs Schuldbegriff, der auch mit
Hilfe der mittelalterlichen Theologie nicht erklärt werden kann.
Gerade die unbewußten und ungewollten Sünden wurden ihm
zum Problem, die geheimnisvollen Verstrickungen des Menschen in Schuld und Leid. Aber Wolfram hat durch Trevrizent
keinen Zweifel an der Bewertung von Parzivals Sündenweg
gelassen. Nichtwissen, *ignorantia*, *tumpheit* sind vor Gott keine
Entschuldigung; Parzival trägt *zwuo grôze sünde* und ist verantwortlich für sie. Trevrizent holt weit aus, um ihn zur Einsicht
seiner Schuld zu bringen: Lucifers *nît* hat den Urtyp der Sünde
geschaffen, die durch den Fall der ersten Menschen auf die Welt
gelangte; die gemeinsame Abstammung von Adam ist der *sün-*
*den wagen, sô daz wir sünde müezen tragen* (465, 5–6). Mit besonderem Nachdruck spricht Trevrizent vom „zweiten" Sündenfall,
von der Tötung Abels durch seinen Bruder Kain, die bis heute
im Streit der Menschen nachwirkt. Gerade der Ritter, der sich
im Kampf bewähren muß, ist dieser Gefahr besonders ausge-

setzt. Damit ist angedeutet, daß Parzivals Sünde Teil der großen Schuld ist, die auf der ganzen Menschheit liegt. Als er die Mutter verließ, geriet er auf die Bahn der *hôchvart*, der *superbia*; denn das ritterliche Streben nach Selbstverwirklichung ist sündhaft, sofern es nicht zugleich auf Gott gerichtet ist. Parzival wurde zum Ritter, indem er seinen „Bruder" Ither erschlug und die Kainstat wiederholte. So fährt ihn der *sünden wagen* immer tiefer hinein in die Schuld, aus der ihn nur die unermeßliche Gnade Gottes retten kann. Wolframs Held erwartet das Wirken dieser Gnade jedoch nicht tatenlos. Er kämpft als Ritter um den Gral, und davon bringt ihn nicht die schlimmste Sünde ab und auch nicht Trevrizents Eröffnung, daß niemand *unbenant* zum Gral gelangen könne. Das Verhältnis von menschlichem Willen und göttlicher Gnade entzieht sich hier einer genauen Fixierung. Es ist Gott, der Parzival zum Gral beruft, und die Berufung bleibt der einzige Weg dorthin. Aber der prädestinierte Held kann den Gral *erstrîten*; und auf dieser Tatbereitschaft des Menschen liegt der Akzent. Der *unverzaget mannes muot*, die innere Unbeirrbarkeit, mit der er an seinem Ziel festhält, ist Parzivals „Verdienst". Aber erst wenn er die Demut in sich aufgenommen hat, tritt der menschliche Wille in eine geheimnisvolle Übereinstimmung mit Gottes unerforschlichem Plan.

Den geistesgeschichtlichen Ort der Parzivaldichtung sicher zu bestimmen ist noch nicht gelungen. Das liegt einerseits an den Imponderabilien der Quellenfrage, noch mehr aber daran, daß im ›Parzival‹ offensichtlich Materialien, Gedanken und Motive verschiedener Traditionen und verschiedenen Geistes zusammengeströmt sind und daß die gänzlich unorthodoxe Individualität des Dichters, in der sie zur Einheit verschmelzen, sich jeder geistigen Kategorisierung widersetzt. Diese atypischen Züge hat man schon früh erkannt und hat in Wolfram den seiner Zeit vorauseilenden Wegbereiter einer neuen Geistigkeit gesehen. Aber es war ein unglücklicher Einfall (SAN-MARTES), ihn mit Luther und der Reformation zu verknüpfen, und die Diskussion darüber hat dem Verständnis des Dichters mehr geschadet als genützt. Fruchtbarer ist der Gedanke, daß das Zeitalter, dem Wolfram angehörte, selbst in sich uneinheitlich war; so haben GOTTFRIED WEBER und FRIEDRICH HEER den Dichter als Exponenten der geistigen „Krise" um 1200 gedeutet. Diese Krise, die von WEBER mit Hilfe theologischer Begriffe als die Ablösung des „augustinisch-anselmischen" durch das „thomistische" Weltbild charakterisiert wird, während sie bei HEER als Krise der Gesamtkultur erscheint, in der sich das „offene Europa" zum „geschlossenen" verhärtet, ist jedoch selbst noch zu wenig erforscht; und daß auch auf diesem Weg keine einheitliche Auffassung zu erreichen sein wird, ist bereits darin angedeutet, daß Wolfram bei HEER als „Reaktionär" ganz auf die Seite der alten Ordnung gehört, während WEBER die eigentliche Leistung Wolframs im Durchbruch zur neuen Geistigkeit sieht und im ›Parzival‹ selbst, im Wandel des Gottesbildes und der „Gralsprämissen", den krisenhaften Ablösungsvorgang gespiegelt findet. Es darf heute wohl als ein gesichertes Forschungsergebnis gelten, daß hinter der Darstellung von Parzivals Sündenweg die Buß- und Gnadenlehre Augustins steht. Auf welchem Weg Wolfram mit der augustinischen Theologie bekannt wurde, ist unsicher. Die Vermittlung durch die zeitgenössische Theologie ist ebensowohl möglich wie durch die mittelhochdeutsche Geistlichendichtung. Es steht aber auch fest, daß allein von Augustin her der ›Parzival‹ nicht „erklärt" werden kann. Es gibt daneben in Wolframs Dichtung ein mystisches Element, besonders deutlich in der Licht- und Farbsymbolik und in dem religiösen Liebesbegriff, das man zu erhellen gesucht hat, indem man Wolfram mit der Mystik des 12. Jhs, mit Bernhard von Clairvaux (SCHWIETERING) und den Viktorinern (W. J. SCHRÖDER) verband; oder man hat es auf biblisches Schrifttum zurückgeführt, vor allem auf den Geist des Ersten Johannesbriefs (WEBER, WAPNEWSKI). Ein guter Teil der modernen ›Parzival‹-Forschung ist der Aufdeckung solcher und anderer Verbindungen mit der kirchlich-theologischen Überlieferung gewidmet, und manchmal ist darüber fast vergessen worden, daß der ›Parzival‹ eine höfische Ritterdichtung ist. Der Gedanke, von dem diese Forschung ausging, hat indessen einen guten Sinn: nachdem sich gezeigt hat, daß die konventionellen Quellen des höfischen Romans zum Verständnis der religiösen Problematik im ›Parzival‹ nicht ausreichen, richtet sich der Blick notwendig auf einen weiteren Hintergrund, speziell auf die theologische Überlieferung.

Ein Laie, der mit den Problemen von Sünde und Gnade ringt, der von Weltschöpfung und Sündenfall spricht, von neutralen Engeln und vom zweiten Adam, vom Gott der Liebe und von der Trinität, der die Wunder der Eucharistie in dem profanen Zusammenhang seiner Rittergeschichte anklingen läßt, – der ist im Mittelalter schon fast verdächtig. Wenn dann noch festgestellt wird, daß er die Hinweise seiner Quelle auf kirchliche Institutionen getilgt oder abgeschwächt hat, wird seine Rechtgläubigkeit zum Problem. Schon LACHMANN hat im ›Parzival‹

einen Anflug von Häresie gespürt, und seitdem ist die Frage nicht mehr verstummt. Man wollte „die Grundideen der Parzivaldichtung ganz aus der manichäischen Gnosis heraus" erklären (FRANZ R. SCHRÖDER) und hat in den Trevrizentszenen Gedanken und Praktiken der südfranzösischen Katharer gespiegelt gesehen (ZEYDEL). Aber es ist nicht gelungen, solche Beziehungen einwandfrei nachzuweisen, und trotz mannigfacher Bemühungen kann die These eines bewußten Ketzertums heute als widerlegt gelten. Bestehen bleibt jedoch die auffallend geringe Bedeutung der Kirche bei der Heilsvermittlung. Seit HERBERT GRUNDMANN gezeigt hat, daß die Ketzererscheinungen des 12. Jhs nur die extremen Formen der großen religiösen Laienbewegung waren, die den Frömmigkeitsstil Europas entscheidend beeinflußt hat, wurde dort mit mehr Recht der geistige Boden der Parzivaldichtung gesucht (WALTER J. SCHRÖDER, WAPNEWSKI). Freilich wissen wir nichts von Kontakten Wolframs mit solchen religiös erregten Laienkreisen, und das der ganzen Bewegung gemeinsame Ideal der apostolischen Armut hat im ›Parzival‹ nur geringe Spuren hinterlassen. Trotzdem können wesentliche Impulse im Zusammenhang mit der Laienbewegung gesehen werden: die Unmittelbarkeit des religiösen Erlebnisses, die urchristliche Tönung der Liebes- und Leidensfrömmigkeit, das leidenschaftliche Ringen mit dem Problem der Sünde und des rechten Weges. Dabei handelt es sich nicht um literarische „Einflüsse", sondern um eine gemeinsame Erlebnisform. Insofern kann der Hinweis auf die Laienbewegung nicht die Genese von Wolframs Weltbild erklären; er kann aber den geistigen Nährboden des Laien Wolfram verständlich machen. Allerdings erscheint bei ihm das Phänomen der Laienfrömmigkeit in einer charakteristischen Verengung: er transponiert die religiöse Problematik in die höfische Welt seines Publikums, und die christliche Frage nach dem Weg des Menschen in der Welt wird für ihn zum Problem der ritterlichen Existenz.

7. DER GRAL. Wolframs Aussagen über den geheimnisvollen Gegenstand lassen sich folgendermaßen gruppieren:

*Das ,dinc':*

1. Der Gral ist ein Stein, offenbar ein Edelstein (*des geslähte ist vil reine* 469, 4), unbestimmter Form; das *drum* („Endstück, Rand") des Steins wird erwähnt (470, 23).
2. Der Stein hat zwei Namen: 1. *grâl* (235, 23), 2. *lapsit exillîs*

(469, 7). Den Namen des Grals (welchen?) hat zuerst der Heide Flegetanis in den Sternen gelesen (454, 21 ff.).

3. Der Gral wird zu Munsalvaesche in einem *tempel* aufbewahrt (816, 15), der auch als Taufkapelle dient. Nur bei besonderen Gelegenheiten (*ze hôchgezîte kür*) wird er in feierlicher Prozession *der diet* gezeigt (807, 16 ff.).

*Seine Wunderkraft:*

4. Der Gral spendet Speisen und Getränke in beliebiger Fülle (238, 8 ff.); er übertrifft alle irdischen Herrlichkeiten: *erden wunsches überwal* (235, 24).

5. Sein Anblick verleiht immerwährende Jugendfrische (469, 18 ff.); wer den Gral gesehen hat, kann in der darauf folgenden Woche nicht sterben (469, 14 ff.).

6. Durch die Kraft des Grals verbrennt der Phönix und ersteht aus der Asche zu seiner früheren Schönheit (469, 8 ff.).

7. Der Gral ist so schwer, daß ihn *diu falschlîch menscheit* nicht aufzuheben vermag; nur von einer *kiuschen* Jungfrau läßt er sich tragen (477, 15 ff.).

8. Den Heiden ist der Gral unsichtbar (810, 3 ff., 813, 9 ff.).

9. Der Weg zum Gral kann nur *unwizzende* gefunden werden; bewußtem Suchen bleibt er verborgen (250, 26 ff.).

*Seine Verbindung zum Himmel:*

10. Seine *hôhste kraft* verleiht dem Gral *ein kleine wîze oblât*, die eine weiße Taube jeden Karfreitag vom Himmel bringt und auf dem Stein niederlegt (469, 29 ff.).

11. Von Zeit zu Zeit erscheint auf dem Gral eine Schrift, die von selbst zergeht, nachdem sie gelesen worden ist; sie offenbart die Namen der zum Gral Berufenen oder macht besondere Mitteilungen. Nur wer auf diese Weise von Gott dazu *benant* ist, kann den Gral *bejagen* (468, 12 ff. 470, 21 ff.).

[12. Der Text läßt nicht klar erkennen, ob der Gral von Engeln auf die Erde gebracht worden ist. Eine Stelle (454, 24) legt diese Auffassung nahe, eine andere (471, 15 ff.) macht sie unwahrscheinlich. Die Bezeichnung *wunsch von pardîs* (235, 21) bedeutet wohl nicht, daß der Gral aus dem Paradies stammt.]

*Seine Hüter:*

13. Der Gral wurde nach Lucifers Fall von (neutralen) Engeln gehütet; später von Christen, die Gott dazu bestimmt und denen er seinen Engel gesandt hat (454, 24 ff. 471, 15 ff.).

14. Der oberste Gralhüter ist der Gralkönig. Seit dem Übergang der Gralpflege auf die Menschen ist das Gralkönigtum in der Titurelfamilie erblich (455, 17 ff. 478, 1 ff. 501, 22 ff.).

15. Die übrigen Gralhüter sind Ritter und Jungfrauen. Sie werden bereits als Kinder aus verschiedenen Ländern zum Gral berufen. Die Gralpfleger müssen *kiusche* sein und sich *valsches bewegen*. Die Jungfrauen *pflegen* des Grals, die Ritter *hüeten* ihn. Nach dem Tod ist ihnen die ewige Seligkeit sicher (235, 27ff. 471, 1ff. 493, 19ff.).

16. Die Gralritter heißen *templeise* (468, 28). Sie verteidigen den Gral gegen alle Unberufenen (473, 5ff.) und nehmen im Kampf keine *sicherheit* (492, 1ff.). Ihr Wappen ist die Taube (474, 5ff.).

17. Die Gralritter können als Herrscher in herrenlose Länder geschickt werden und dürfen dort heiraten. Auch die Jungfrauen dürfen sich außerhalb des Gralbereichs verheiraten. Die Jungfrauen werden öffentlich entlassen, die Ritter heimlich entsandt (494, 7ff.).

18. Solange sie dem Gral dienen, ist den *templeisen* Frauenliebe versagt. Einzig der Gralkönig darf heiraten, aber nur die ihm von der Gralinschrift verheißene Frau (478, 13ff. 495, 7ff.).

Diese Gralvorstellung ist ganz Wolframs Eigentum; keiner der achtzehn Punkte läßt sich unverändert auf Chrestiens Gral übertragen. In der französischen Dichtung ist der Gral eine mit Edelsteinen verzierte Goldschale, von der ein übernatürliches Licht ausgeht; in ihr wird dem Vater des Fischer-Königs eine Hostie zugetragen, die ihre lebenserhaltende Kraft dem Gral verdankt, während bei Wolfram gerade umgekehrt der Gral seine speisende Kraft von der Oblate empfängt, die die Taube jährlich vom Himmel bringt. Über dem cortège du Graal liegt bei Chrestien ein Schleier des Märchenhaften: ein Knappe erscheint mit der Blutenden Lanze, gefolgt von zwei anderen mit goldenen Leuchtern und einer Jungfrau, die den Gral trägt. Sie gehen an Perceval vorüber und verschwinden in einem anderen Zimmer. Danach beginnt die Zurüstung der Mahlzeit, und bei jedem Gang wird der Gral „ganz unbedeckt" (*trestost descovert* 3301) wieder vorbeigetragen. Diesen geheimnisvoll-verwunschenen Vorgang hat Wolfram in das grelle Licht höfischer Etikette gerückt und hat ihm damit viel von seinem Zauber genommen. Bei ihm marschieren fünfundzwanzig Jungfrauen mit den kostbaren Tischgeräten auf (zwei bringen die *stollen*, vier die Tischplatte, zwei die Messer und Repanse den Gral; die übrigen tragen Kerzen), und im Mittelpunkt steht die wunderbare Mahlzeit. Gänzlich getrennt davon ist die Blutende Lanze. Bevor die eigentliche Prozession beginnt, trägt ein Knappe *eine glævîn* in den Saal, von deren Schneide Blut herabläuft; bei

ihrem Anblick brechen die Gralritter in Tränen und Schmer-
zensrufe aus. Erst viel später erfahren wir von Trevrizent den
Grund: Anfortas ist von einer vergifteten Lanze verwundet
worden, und die Wunde kann nicht heilen. Beim Mondwechsel
und bei bestimmten Planetenkonstellationen werden seine
Schmerzen so groß, daß nur das Auflegen der giftigen Speer-
spitze (ob es dieselbe ist, die ihn verwundet hat, bleibt undeut-
lich) ihm Linderung schafft: das heiße Gift zieht dann den
Frost aus dem Körper. An dem Tag, als Parzival nach Munsalvaesche kam, waren die Schmerzen durch die Einwirkung des
Saturn ganz unerträglich geworden; weil auch das Auflegen
des Eisens nicht mehr half, hat man ihm die Lanzenspitze in die
Wunde gestoßen, und davon war sie blutig. Diese „rationali-
stische Umdeutung" (WERNER RICHTER) der geheimnisvoll
blutenden Lanze zeigt, daß für Wolfram der Gedanke an die
Passionsreliquie, den Longinusspeer, ferngelegen hat. Wolframs
Lanze gehört nicht zum religiösen Symbolkreis des Grals, sie ist
ein medizinisches Instrument, eine Erinnerung an Anfortas'
Sünden oder ein Zeichen für den ihm auferlegten Bußschmerz.

Noch tiefer in das Gefüge von Chrestiens Darstellung greift
die Trennung von Gralprozession und Erlösungsfrage. Die von
Perceval erwartete Frage zielt auf die beiden Wundergeräte
(„warum blutet die Lanze? wen bedient man mit dem Gral?"),
und er hätte nicht fragen können, ohne den cortège gesehen zu
haben. Parzivals Frage dagegen: *hêrre, wie stêt iwer nôt?* (484, 27)
bzw. *œheim, waz wirret dir?* (795, 29) bezieht sich allein auf Anfortas' Leiden und hat mit dem Gral selbst nichts zu tun; der
festliche Aufzug der Jungfrauen scheint geradezu von der
Krankheit des Wirtes und damit von der Frage abzulenken.
Später wird eine wiederum „rationalistisch" anmutende Erklärung für das Erscheinen des Grals am Abend von Parzivals Ankunft gegeben: tatsächlich galt der Aufzug nicht in erster Linie
dem Gast, von dem man die Erlösung erhoffte, sondern der
Gralritterschaft, deren Schmerz über den blutigen Speer durch
den Anblick des Grals gelindert wurde (807, 19 ff.). Diese Her-
auslösung des Grals aus der Parzivalhandlung und aus der Verbindung mit der Lanze zeigt, worauf es Wolfram ankam. Der
Gral steht bei ihm gleichsam über der Geschichte, zwar mannigfach auf sie bezogen, aber in seinem Wesen von ihr unerreich-
bar. Das ist die Voraussetzung für seine über die Parzivalerzählung hinausführende Symbolbedeutung; ihr dient offenbar
auch die Zuschreibung verschiedener Wunderkräfte, die sich
zum Teil in der Handlung gar nicht bewähren können.

In Wolframs Gralvorstellung sind christliche, orientalische und märchenhaft-magische Motive zusammengeflossen, deren einheitliche genetische Deutung bisher nicht gelungen ist. Die auffallendste Neuerung, die Steinform des Grals, könnte von Chrestien angeregt sein, von den kostbaren Edelsteinen (*pierres precïeuses* 3234), mit denen der Gral geschmückt ist. Aber diese Anregung kann Wolframs Stein nicht „erklären"; deswegen dauert die Suche nach genaueren Vorbildern bis heute an. Es gibt kaum einen berühmten Stein des Orients und der christlich-abendländischen Überlieferung, der noch nicht mit dem Gral in Verbindung gebracht worden ist. Man hat an die schwarze Kaaba in Mekka gedacht (MARTIN), an den Stein Alatýr (WESSELOFSKY), an Salomos Wunderstein Schamir (WOLF) und an arabische Meteorsteine, sog. baetyli (HAGEN). Aus der Bibel wurde der Danielstein verglichen (MERGELL), die *sedes domini* der Johannes-Apokalypse (BURDACH) und der weiße Stein (*calculus candidus*) mit dem Namen des Siegers (ISE-LIN). Im Grunde haben alle sehr wenig mit Wolframs Gral gemein, und die verschiedenen Theorien haben selten mehr als einen Anhänger gefunden. Nur zwei Wundersteine bieten mehr: der *lapis philosophorum*, der Stein der Alchimisten (PAL-GEN, WEBER), dem verjüngende und heilende Kräfte zugeschrieben wurden, und der Paradies- oder Augenstein der christlichen Alexandersage (EHRISMANN, RANKE), mit dem der Gral die relative Schwere und die jugendbewahrende Kraft teilt. In eine andere Richtung führt die Deutung des Grals als Altarstein. Man hat an die kleinen Tragaltäre erinnert (STER-ZENBACH, SCHWIETERING), die auf Reisen verwendet wurden und oft aus einem in Holz oder Metall gefaßten (Edel-)Stein bestanden. Es gab auch liturgische Tauben aus Metall, die als Hostienbehälter dienten und manchmal über dem Altar schwebend angebracht waren. Ferner wurden orientalische Altar-vorstellungen herangezogen, der Tabot der abessinischen Kir-che (ADOLF) oder der Himmelstisch einer islamischen Legende, die auf die fünfte Sure des Koran zurückgeht (BURDACH). In der neueren Forschung ist wiederholt auf die Bedeutung eucha-ristischer Legenden hingewiesen worden (MOCKENHAUPT, WES-SELS), die zwar die Steinform nicht erklären können, in denen aber die meisten Wunderkräfte wiederkehren, die Wolfram dem Gral zuschreibt. Wenn man mit einem Einfluß solcher Legen-den rechnet, wird die Existenz einer zusammenhängenden Gral-Sonderquelle unwahrscheinlich. Es bleibt jedoch die Möglich-keit offen, daß in einer von Wolfram benutzten Tradition bereits mehrere Motive seines Gralbildes vereinigt waren. J.F.D. BLÖTE hat darauf aufmerksam gemacht, daß die Steinform des Grals nicht durch die ganze Dichtung bezeugt ist, sondern sich ausschließlich in einer kurzen Partie des IX. Buches findet (468, 23–471, 29), und daß ebendiese Partie eine Reihe weiterer Aussagen über den Gral enthält, die sonst nicht mehr erwähnt werden oder sogar im Widerspruch zu anderen Stellen stehen.

Ein eigenes Problem bildet die Erklärung des Namens *lapsit exillîs*. Die Form hat LACHMANN aus der handschriftlichen Überlieferung erschlossen (*lapsit exillis* D, *lapsit erillis* G; *lapsit* g, *iaspis* gg, *lapis* d; *exillis* g, *exilis* g, *exillix* g, *exilix* dg); die Bedeutung ist bis heute umstritten. Die meisten Interpretationen gehen davon aus, daß es sich um einen ursprünglich sinnvollen Text handelt, der von Wolfram entstellt worden ist. Fast durchweg hat man an einen lateinischen Wortlaut gedacht (HANS SPERBER sucht neuerdings ein altfranzösisches *l'absite exilli(é)s* „der Absyct der Verbannten" = der neutralen Engel, als Vorlage zu erweisen), und der nächstliegende Anknüpfungspunkt war die Deutung von *lapsit* = *lapis* „Stein". Auf dieser Basis wurden u. a. folgende Lesungen vorgeschlagen:

| | |
|---|---|
| *lapis erilis:* | „der Stein des Herrn" (SAN-MARTE) |
| *lapis ex celis:* | „der Stein aus den Himmeln" (SINGER), bzw. *lapsi de/ex celis* „(der Stein) des aus den Himmeln Gefallenen" (MARTIN) |
| *lapis electrix:* | „der Bernstein", aus *electrum* (ZACHER) |
| *lapis betillis:* | „der Meteorstein", aus arab. *bet-el* (HAGEN) |
| *lapis textilis:* | „der Asbeststein" (BLÖTE) |
| *lapis elixir:* | „der Stein der Weisen" (PALGEN) |
| *lapis exilis:* | „der kleine, dürftige Stein" (EHRISMANN) |

Die letzte Ableitung zielt auf den Alexanderstein, der im ›Iter ad Paradisum‹ als *substantia exilis* bezeichnet wird. Die phantasievollste Deutung stammt von MERGELL: *lap[is lap]s[us] i[n] t[erram] ex illis [stellis]* „der aus jenen Sternen auf die Erde gefallene Stein". Nicht eine einzige der vorgeschlagenen Steinbezeichnungen ist jedoch vor Wolfram irgendwo belegt. Angesichts dieser Tatsache wird man skeptisch gegenüber der hier angewandten Methode. Einem Dichter, der imstande ist, arabische Planetennamen korrekt wiederzugeben, sollte man auch die Fähigkeit zutrauen dürfen, das einfache lateinische Wort *lapis* unentstellt zu bewahren. Der Name *lapsit exillîs* sieht vielmehr wie ein „bewußt verdrehtes und vieldeutiges Latein" aus (DE BOOR), das man vergeblich nach einem präzisen

Sinn befragt. Dazu passen andere Züge im Bild des Grals, vor allem die Undeutlichkeit seiner äußeren Erscheinung. Selbst die „Erklärungen" Trevrizents führen nur tiefer hinein in die *verholnen mære* und machen den Gral zu einem Wunderding von geheimnisvoller Vieldeutigkeit.

In der neueren Forschung ist neben die Frage nach Wesen und Herkunft des Grals die nach seiner Bedeutung für die Parzivalhandlung und nach seiner Funktion in der Dichtung getreten. Auch dabei besteht die doppelte Gefahr, entweder der Fülle der symbolischen Zusammenhänge zu erliegen oder einen Aspekt zu verabsolutieren und zu einem einseitigen Bild zu gelangen. Ohne den Anspruch zu stellen, damit alle wesentlichen Komponenten zu erfassen, seien hier drei Gesichtspunkte genannt, die erkennen lassen, auf welchen Ebenen die Symbolik des Grals in der Dichtung wirksam wird:

1. Für Parzival ist der Gral die Erfüllung seines Lebensweges: *mîn hôhstiu nôt ist umben grâl* (467, 26). Wenn er zu der Einsicht gelangt, daß menschliche Anstrengung allein den Gral nicht gewinnen kann, sondern daß die Gnade ihn leiten muß, dann wird der Gral zum Zeichen für diese göttliche Lenkung. Eine noch engere Beziehung ergibt sich aus der Symbolik des Alexandersteins, die FRIEDRICH RANKE für die ›Parzival‹-Interpretation fruchtbar gemacht hat. Alexanders Plan, das Paradies zu erobern, entsprang der schlimmsten Sünde, der *superbia*. Der Stein, der ihm zur Antwort gegeben wird, ist ein Symbol der menschlichen Vergänglichkeit und zugleich eine Aufforderung zur *humilitas*, zur Beugung vor dem göttlichen Willen. Dieselben Züge kehren in Wolframs Gralbild wieder: Wolfram hat die Tragbarkeit des Grals an die Sündenfreiheit gebunden und Anfortas' Krankheit als Strafe für die Übertretung der von Gott bestimmten Ordnung aufgefaßt. Die bei der Empörung Lucifers „neutral" gebliebenen Engel müssen zum Gral niederfahren, offenbar um bei ihm die Demut zu lernen. Als Demutssymbol ist der Gral Inbegriff der neuen Haltung Parzivals und seiner Wendung von der *hôchvart* zur *diemüete*. Dem schon zum Gral Berufenen gibt Trevrizent die letzte Mahnung mit: *nu kêrt an diemuot iwern sin* (798, 30).

2. Parzivals Gralgewinn ist nicht nur die Erfüllung einer einmaligen, unwiederholbaren Bestimmung, sondern bedeutet zugleich den Eintritt in eine neue Gemeinschaft. Wolframs Bild der Gralgemeinde ist der Entwurf einer neuen menschlichen Ordnung, eine echte Gesellschaftsutopie, in der das traditionelle Ideal des höfischen Rittertums eine neue religiöse Weihe

empfängt. Die *templeise* bilden eine *rîterlîche bruoderschaft* (470, 19), eine ordensähnliche Gemeinschaft von Rittern, die ihr Leben dem Dienst am Gral und seiner Verteidigung geweiht haben. Der Name *templeise* erinnert gewiß nicht zufällig an den damals größten und berühmtesten Ritterorden der Templer. Die darin anklingende Kreuzzugsatmosphäre kommt auch in anderen Zügen zum Ausdruck, die eigentlich nicht zum Märchenland Terre de Salvaesche passen: die Härte der Kampfbestimmungen, die den Gralrittern verbieten, *sicherheit* zu nehmen; der *tempel* als Aufbewahrungsort des Grals, der an den Tempel Salomos in Jerusalem denken läßt, von dem die Tempelritter ihren Namen trugen; der vage Hinweis, daß im Graltempel schon viele Heidenkinder getauft worden sind (817, 8 ff.). An das Ordensrittertum gemahnt ferner die Verpflichtung der Gralritter zum Zölibat. Darin liegt zugleich der wichtigste Unterschied gegenüber dem höfischen Ritterbild des Artuskreises, für den der Minnedienst entscheidender Antrieb zu ritterlichem Handeln ist. Aber Wolframs Gralgemeinschaft ist nicht einfach ein Abbild der zeitgenössischen Ritterorden. Neben den Rittern stehen die Jungfrauen als Gralpfleger, und in der Institution des Gralkönigtums ist die höfische Minne in Form der von Gott bestimmten Ehe in den Gralbereich einbezogen. Von den bestehenden Gesellschaftsformen unterscheidet sich das utopische Gralreich dadurch, daß in ihm der Dualismus zwischen Welt und Gott aufgehoben ist, daß hier ritterliches Leben und höfische Form in unmittelbarer Übereinstimmung mit Gottes Willen möglich sind. Das sichtbare Zeichen für diese Harmonie von Diesseits und Jenseits ist der Gral als Träger himmlischer Speise und Spender irdischer Herrlichkeiten.

3. Die Kreuzzugselemente im Bilde des Grals deuten an, daß seine Bedeutung sich nicht auf den christlichen Bereich beschränkt. Durch Feirefiz' Taufe und seine Vermählung mit der Gralträgerin öffnet sich zuletzt der Gralbezirk eigentümlich nach Osten, und es scheint, daß unter dem Zeichen des Grals Orient und Okzident sich aufs neue vereinen sollen. Beide Bereiche haben Anteil am Gral, die geheime Wissenschaft der heidnischen Sternkunde ebenso wie das Wunder der Eucharistie in der kleinen weißen Oblate. Durch die Schwanrittersage, die schon im 12. Jahrhundert mit der Familie Gottfrieds von Bouillon, des Helden des ersten Kreuzzugs, verbunden war, wird Parzival zum Vorfahren der christlichen Könige von Jerusalem; und Feirefiz' Sohn ist der Priesterkönig Johannes, der

den heidnischen Osten dem Christentum zurückgewinnt. Hier mündet das Rittermärchen in die christliche Heilsgeschichte, und der Gral wird zum Symbol der Endzeit. Bereits Sigune spricht vom Gralkönigtum in Worten, die weit über eine kleine christliche Gemeinschaft hinauszielen (252, 5–8). Noch deutlicher ersteht dann in Kundries Berufungsrede das Bild eines endzeitlichen Weltkaisertums: *swaz der plânêten reise umblouft, (und) ir schîn bedecket, des sint dir zil gestecket ze reichen und zerwerben* (782, 18–21), einer Herrschaft, die alles Irdische umgreift und nur von der *ungenuht*, der *superbia*, begrenzt wird. Unverkennbar trägt der Gral die Züge eines irdischen Paradieses, und offenbar spielen Vorstellungen vom dritten Reich der Gnade und des Heiligen Geistes hinein. Durch Taube und Inschrift ist er besonders eng mit der dritten Hypostase verbunden. WILHELM DEINERT hat jüngst gezeigt, daß die astronomischen Motive im ›Parzival‹ sich zu einer sinnvollen Einheit um den Gral zusammenschließen. Sein Wirken steht in einem geheimnisvollen Zusammenhang mit dem unwiderruflichen Lauf der Sterne: das Epitaphium, das Parzivals Berufung verkündet, erscheint gerade an dem Tag, als alle Planeten ihre Bahn vollendet haben, so daß mit Parzivals Herrschaft ein neues Sternenjahr, eine neue *aetas*, anhebt. Hier gewinnt der Gral seine höchste Bedeutung: er wird zum kosmischen Symbol, zum Abbild der ganzen Schöpfung, soweit sie Gottes Schöpfungsauftrag erfüllt.

LITERATUR:

*Allgemeines:*

GOTTHOLD BÖTTICHER, Das Hohelied vom Rittertum, eine Beleuchtung des ›Parzival‹ nach Wolframs eigenen Andeutungen, 1886.

GUSTAV EHRISMANN, Dantes ›Göttliche Komödie‹ und Wolframs von Eschenbach ›Parzival‹, in: Idealistische Neuphilologie, Festschr. für KARL VOSSLER, 1922, S. 174–193.

BARBARA JANSEN, ›Tristan‹ und ›Parzival‹, Proefschrift Utrecht 1923.

MELITTA GERHARD, Der deutsche Entwicklungsroman bis zu Goethes ›Wilhelm Meister‹, 1926 (›Parzival‹: S. 13–48).

GEORG MISCH, Wolframs ›Parzival‹, DVjs. 5, 1927, S. 213–315.

CARL VON KRAUS, Über Wolframs ›Parzival‹, Rede…, 1928.

MARGARET F. RICHEY, The Story of Parzival and the Graal, as Related by Wolfram von Eschenbach, Oxford 1935.

GEORG KEFERSTEIN, Parzivals ethischer Weg, 1937.

HERMANN SCHULTHEISS, Die Bedeutung der Familie im Denken Wolframs von Eschenbach, 1937.

Julius Schwietering, Wolframs ›Parzival‹, in: Von deutscher Art in Sprache und Dichtung, Bd II, 1941, S. 235–248.

Hermann Schneider, ›Parzival‹-Studien, Sitzungsber. der Bayer. Akad. d. Wiss., phil.-hist. Kl., Jg 1944/46, no 4, 1947.

Gottfried Weber, Parzival, Ringen und Vollendung, 1948.

Carl Wesle, Zu Wolframs ›Parzival‹, Beitr. 72, 1950, S. 1–38.

Walter J. Schröder, Der Ritter zwischen Welt und Gott, Idee und Problem des Parzivalromans Wolframs von Eschenbach, 1952.

Friedrich Heer, Die Tragödie des heiligen Reiches, 1952 (›Parzival‹: S. 347–361).

Max Wehrli, Wolfram von Eschenbach, Erzählstil und Sinn seines ›Parzival‹, DU 6, 1954, Heft 5, S. 17–40.

Peter Wapnewski, Wolframs ›Parzival‹, Studien zur Religiosität und Form, 1955.

Ludwig Wolff, Die höfisch-ritterliche Welt und der Gral in Wolframs ›Parzival‹, Beitr. 77 (Tüb.), 1955, S. 254–278.

Hugo Kuhn, Parzival, Ein Versuch über Mythos, Glaube und Dichtung im Mittelalter, DVjs. 30, 1956, S. 161–198; auch in: H. K., Dichtung und Welt im Mittelalter, 1959, S. 151–180.

Hermann J. Weigand, Three Chapters on Courtly Love in Arthurian France and Germany: ›Lancelot‹, Andreas Capellanus, Wolfram von Eschenbach's ›Parzival‹, Chapel Hill/N.C./USA 1956.

Otto Springer, Wolframs ›Parzival‹, in: Arthurian Literature in the Middle Ages, ed. Roger S. Loomis, Oxford 1959, S. 218–250.

Wilhelm Deinert, Ritter und Kosmos im ›Parzival‹, Eine Untersuchung der Sternkunde Wolframs von Eschenbach, 1960.

Marianne Wynn, Geography of Fact and Fiction in Wolfram von Eschenbach's ›Parzival‹, MLR 56, 1961, S. 28–43.

Dies., Scenery and Chivalrous Journeys in Wolfram's ›Parzival‹, Speculum 36, 1961, S. 393–423.

Werner Besch, Vom alten zum nüwen ›Parzival‹, DU 14, 1962, Heft 6, S. 91–104.

Gerhard Bauer, Parzival und die Minne, Euph. 57, 1963, S. 67–96.

Hugh Sacker, An Introduction to Wolfram's ›Parzival‹, Cambridge 1963.

Walter J. Schröder, Die Soltane-Erzählung in Wolframs ›Parzival‹, Studien zur Darstellung und Bedeutung der Lebensstufen Parzivals, 1963.

Alois M. Haas, Parzivals tumpheit bei Wolfram von Eschenbach, 1964.

Wolfgang Mohr, Zu den epischen Hintergründen in Wolframs ›Parzival‹, in: Mediaeval German Studies Presented to Frederick Norman, London 1965, S. 174–187.

Walter J. Schröder, Die Parzivalgestalt Wolframs von Eschenbach, in: Das Menschenbild in der Dichtung, hrsg. von Albert Schaefer, 1965, S. 83–102.

David Blamires, Characterization and Individuality in Wolfram's ›Parzival‹, Cambridge 1966.

*Überlieferung:*

ERNST STADLER, Über das Verhältnis der Handschriften D und G von
   Wolframs ›Parzival‹, Diss. Straßburg 1906.
ARTHUR WITTE, Die ›Parzival‹-Handschrift D, Beitr. 51, 1927, S. 307
   bis 382.
EDUARD HARTL, Die Textgeschichte des Wolframschen ›Parzival‹,
   I. Teil: Die jüngeren *G-Handschriften, 1. Abt.: Die Wiener
   Mischhandschriftengruppe *W (G$^n$, G$^\delta$, G$^\mu$, G$^\varphi$), 1928.
s. auch HARTLS Vorreden zur 6. und 7. Aufl. von LACHMANNS Wolf-
   ramausgabe (1926 und 1952) sowie die Einleitungen zu den Aus-
   gaben von PIPER und MARTIN (s. oben S. 18).

*Entstehung:*

LUDWIG GRIMM, Wolfram von Eschenbach und die Zeitgenossen,
   I. Teil: Zur Entstehung des ›Parzival‹, Diss. Leipzig 1897.
ELISABETH KARG-GASTERSTÄDT, Zur Entstehungsgeschichte des
   ›Parzival‹, 1925.
ALBERT SCHREIBER, Die Vollendung und Widmung des Wolfram-
   schen ›Parzival‹, ZfdPh. 56, 1931, S. 14–37.
ARTHUR T. HATTO, Zur Entstehung des Eingangs und der Bücher I
   und II des ›Parzival‹, ZfdA 84, 1952/53, S. 232–240.
KARL K. KLEIN, Zur Entstehungsgeschichte des ›Parzival‹, Beitr.
   82 (Halle), 1961, Sonderbd., S. 13–28.

*Wolfram-Gotfrid-Fehde:*

JOHN MEIER, Wolfram von Eschenbach und einige seiner Zeitgenos-
   sen, in: Festschr. zur 49. Versammlung Dt. Philologen u. Schul-
   männer in Basel im Jahr 1907, 1907, S. 507–520.
KARL K. KLEIN, Das Freundschaftsgleichnis im ›Parzival‹-Prolog,
   Ein Beitrag zur Klärung der Beziehungen zwischen Wolfram von
   Eschenbach u. Gottfried von Straßburg, in: AMMANN-Festg., I.
   Teil, 1953, S. 75–94.
DERS., Gottfried und Wolfram, Zum Bogengleichnis *Pz.* 241, 1, in:
   Festschr. für DIETRICH KRALIK, 1954, S. 145–154.
WALTER J. SCHRÖDER, *Vindære wilder mære*, Zum Literaturstreit
   zwischen Gottfried u. Wolfram, Beitr. 80 (Tüb.), 1958, S. 269–287.
FREDERICK NORMAN, The Enmity of Wolfram and Gottfried, GLL 15,
   1961/62, S. 53–67.
PETER WAPNEWSKI, Herzeloydes Klage und das Leid der Blanche-
   flur, Zur Frage der agonalen Beziehungen zwischen den Kunst-
   auffassungen Gottfrieds von Straßburg u. Wolframs von Eschenbach, in: Festg. für ULRICH PRETZEL, 1963, S. 173–184.

*Prolog:*

KARL LACHMANN, Über den Eingang des ›Parzivals‹, in: K. L., Klei-
   nere Schriften, Bd I, 1876, S. 480–518.
ALBERT NOLTE, Der Eingang des ›Parzival‹, 1900 (Rez.: ALBERT
   LEITZMANN, ZfdPh. 35, 1903, S. 129–138).

Max Rieger, Die Vorrede des ›Parzival‹, ZfdA 46, 1902, S. 175–181.
Helene Adolf, Der Eingang zu Wolframs ›Parzival‹, Neophilologus 22, 1937, S. 110–120, 171–185.
Walter J. Schröder, Der Prolog von Wolframs ›Parzival‹, ZfdA 83, 1951/52, S. 130–143.
Heinrich Hempel, Der Eingang von Wolframs ›Parzival‹, ZfdA 83, 1951/52, S. 162–180.
Bernard Willson, Wolframs *Bispel*, Zur Interpretation des ersten Teils des ›Parzival‹-Prologs, Wolfram-Jb. 1955, S. 28–51.
Heinz Rupp, Wolframs ›Parzival‹-Prolog, Beitr. 82 (Halle), 1961, Sonderbd., S. 29–45.

*Selbstverteidigung:*

Johannes Stosch, Wolframs Selbstverteidigung, *Pz.* 114,5–116,4, ZfdA 27, 1883, S. 313–332.
Karl K. Klein, Wolframs Selbstverteidigung, ZfdA 85, 1954/55, S. 150–162.
Hermann Menhardt, Wolframs „Selbstverteidigung" und die Einleitung zum ›Parzival‹, ZfdA 86, 1955/56, S. 237–240.

*Stoffgeschichte:*

Aus der umfangreichen Artus-Literatur seien nur zwei grundlegende Werke genannt; s. die jährliche Artus-Bibliographie im ›Modern Language Quarterly‹ (ab 1936) und im ›Bulletin bibliographique de la société internationale Arthurienne‹ (seit 1949), sowie den Band ›Artusepik‹ von Karl Otto Brogsitter in der ›Sammlung Metzler‹.
James D. Bruce, The Evolution of Arthurian Romance from the Beginnings Down to the Year 1300, 2 Bde, Göttingen/Baltimore 1923, ²1928.
Roger S. Loomis (ed.), Arthurian Literature in the Middle Ages, Oxford 1959.

*Parzival-Gralsage:*

Adolf Birch-Hirschfeld, Die Sage vom Gral, ihre Entwicklung und dichterische Ausbildung in Frankreich und Deutschland im 12. u. 13. Jh., 1877.
Richard Heinzel, Über die französischen Gralromane, Denkschriften der kais. Akad. d. Wiss. in Wien 40, no 3, 1892, S. 1–189.
Jessie L. Weston, The Legend of Sir Perceval, 2 Bde, London 1906/1909.
Wolfgang Golther, Parzival und der Gral in der Dichtung des Mittelalters und der Neuzeit, 1925.
Konrad Burdach, Der Gral, 1938.
René Nelli (ed.), Lumière du Graal, Paris 1951.
Jean Marx, La légende Arthurienne et le Graal, Paris 1952.
Les romans du Graal aux XIIᵉ et XIIIᵉ siècles, Paris 1956.

Helen Adolf, Visio Pacis, Holy City and Grail, an Attempt at an Inner History of the Grail Legend, 1960.

Roger S. Loomis, The Grail, from Celtic Myth to Christian Symbol, Cardiff – New York 1963.


*Chrestien de Troyes:*

Wilhelm Kellermann, Aufbaustil und Weltbild Chrestiens von Troyes im Percevalroman, 1936.

Roger S. Loomis, Arthurian Tradition and Chrétien de Troyes, New York 1949.

William A. Nitze, Perceval and the Holy Grail: An Essay on the Romance of Chrétien de Troyes, Berkeley-Los Angeles/Cal./USA 1949.

Erich Köhler, Idee und Wirklichkeit in der höfischen Epik, Studien zur Form der frühen Artus- und Graldichtung, 1956.

Jean Frappier, Chrétien de Troyes, L'homme et l'œuvre, Paris 1957.

Der ›Conte du Graal‹ ist kritisch ediert von Alfons Hilka, 1932; deutsche Übersetzung von Konrad Sandkühler, ³1963.


*Verhältnis Wolfram-Chrestien:*

Edmund K. Heller, Studies on the Story of Gawain in Crestien and Wolfram, JEGP 24, 1925, S. 463–503.

Martin Paetzel, Wolfram von Eschenbach und Crestien von Troyes (*Pz.*, Buch 7–13 und seine Quelle), Diss. Berlin 1931.

Mary A. Rachbauer, Wolfram von Eschenbach, a Study of the Relation of the Contents of Books III–VI and IX of the ›Parzival‹ to the Crestien Manuscripts, Diss. Washington/D.C. 1934.

Jean Fourquet, Wolfram d'Eschenbach et le ›Conte del Graal‹, Les divergences de la tradition du ›Conte del Graal‹ de Chrétien et leur importance pour l'explication du ›Parzival‹, Thèse Strasbourg 1938.

Hermann J. Weigand, Die epischen Zeitverhältnisse in den Graldichtungen Chrestiens und Wolframs, PMLA 53, 1938, S. 917–950.

Bodo Mergell, Wolfram von Eschenbach und seine französischen Quellen, II. Teil: Wolframs ›Parzival‹, 1943.

Arthur T. Hatto, On Chrétien and Wolfram, MLR 44, 1949, S. 380–385.

Walter Henzen, Zur Vorprägung der Demut im ›Parzival‹ durch Chrestien, Beitr. 80 (Tüb.), 1958, S. 422–443.

Walter J. Schröder, Horizontale und vertikale Struktur bei Chrétien und Wolfram, WW 9, 1959, S. 321–326.


*Quellenproblem allgemein:*

Richard Heinzel, Über Wolframs von Eschenbach ›Parzival‹, Sitzungsber. der kais. Akad. d. Wiss. in Wien, phil.-hist. Kl., 130, no 1, 1894.

EDUARD WECHSSLER, Zur Beantwortung der Frage nach den Quellen von Wolframs ›Parzival‹, in: Philologische Studien, Festg. für EDUARD SIEVERS, 1896, S. 237–251.

JULIUS LICHTENSTEIN, Zur Parzivalfrage, Beitr. 22, 1897, S. 1–93.

SAMUEL SINGER, Wolframs Stil und der Stoff des ›Parzival‹, Sitzungsber. der kais. Akad. d. Wiss. in Wien, phil.-hist. Kl., 180, no 4, 1916.

RUDOLF PALGEN, Der Stein der Weisen, Quellenstudien zum ›Parzival‹, 1922.

MAURICE WILMOTTE, Le poème du Gral, Le ›Parzival‹ de Wolfram d'Eschenbach et ses sources françaises, Paris 1933.

SAMUEL SINGER, Wolfram und der Gral; Neue ›Parzival‹-Studien, 1939.

THEODORUS C. VAN STOCKUM, Wolframs ›Parzival‹ und das Problem der Quelle, Neophilologus 26, 1941, S. 13–24.

PENTTI TILVIS, Über die unmittelbaren Vorlagen von Hartmanns ›Erec‹ und ›Iwein‹, Ulrichs ›Lanzelet‹ und Wolframs ›Parzival‹, Neuphilolog. Mitt. 60, 1959, S. 28–65, 129–144.


*Kyot:*

PAUL HAGEN, Untersuchungen über Kiot, ZfdA 45, 1901, S. 187 bis 217; 47, 1904, S. 203–224.

DERS., Wolfram und Kiot, ZfdPh. 38, 1906, S. 1–38, 198–237.

FRIEDRICH WILHELM, Über fabulistische Quellenangaben, Beitr. 33, 1908, S. 286–339.

JAN H. SCHOLTE, Kyot von Katelangen, Neophilologus 33, 1949, S. 23–36.

EDWIN H. ZEYDEL, Noch einmal zu Wolframs Kyot, Neophilologus 34, 1950, S. 11–15.

ISTVAN FRANK, Le manuscrit de Guiot entre Chrétien de Troyes et Wolfram von Eschenbach, Annales universitatis Saraviensis, Philosophie-Lettres 1, 1952, S. 169–183.

EDWIN H. ZEYDEL, Auf den Spuren von Wolframs Kyot, Neophilologus 36, 1952, S. 21–32.

MAURICE DELBOUILLE, A propos du Graal, Du nouveau sur *Kyôt, der Provenzâl,* Marche Romane 3, 1953, S. 13–29.

ARTHUR T. HATTO, Y a-t-il un roman du graal de Kyot le provençal? in: Les romans du graal…, Paris 1956, S. 167–184.

WALTER J. SCHRÖDER, Kyot, GRM 40, 1959, S. 329–350.

HERBERT KOLB, Munsalvaesche, Studien zum Kyotproblem, 1963.


*Orientalische Quellen:*

LUDWIG E. ISELIN, Der morgenländische Ursprung der Grallegende, 1909.

FRANZ R. SCHRÖDER, Die Parzivalfrage, 1928.

HELEN ADOLF, New Light on Oriental Sources for Wolfram's ›Parzival‹ and Other Grail Romances, PMLA 62, 1947, S. 306–324.

WERNER WOLF, Der Vogel Phönix und der Gral, in: Studien zur dt. Philologie des Mittelalters, FRIEDRICH PANZER zum 80. Geb., 1950, S. 73–95.

LARS-IVAR RINGBOM, Graltempel und Paradies, Beziehungen zwischen Iran und Europa im Mittelalter, Stockholm 1951.

WERNER WOLF, Die Wundersäule in Wolframs Schastel marveile, Annales Academiae scient. Fennicae B 84, Helsinki 1954, S. 275 bis 314.

PIERRE PONSOYE, L'Islam et le Graal, Etude sur l'ésotérisme du ›Parzival‹ de Wolfram von Eschenbach, Paris 1957.

*Namen:*

KARL BARTSCH, Die Eigennamen in Wolframs ›Parzival‹ und ›Titurel‹, in: K. B., Germanist. Studien, Bd II, 1875, S. 114–159.

JEAN FOURQUET, Les noms propres du ›Parzival‹, in: Mélanges... offerts à ERNEST HOEPFFNER, Paris 1949, S. 245–260.

WOLFGANG KLEIBER, Zur Namenforschung in Wolframs ›Parzival‹, DU 14, 1962, H. 6, S. 80–90.

CHARLES E. PASSAGE, Place Names in ›Parzival‹ and ›Willehalm‹, in: Taylor Starck Festschrift, The Hague 1964, S. 246–256.

C. J. LOFMARK, Name Lists in ›Parzival‹, in: Mediaeval German Studies Presented to Frederick Norman, London 1965, S. 157–173.

*Aufbau:*

HILDEGARD EMMEL, Formprobleme des Artusromans und der Graldichtung, 1951.

WALTER HENZEN, Das IX. Buch des ›Parzival‹, in: Erbe der Vergangenheit, Festg. für KARL HELM, 1951, S. 189–217.

WALTER J. SCHRÖDER, Der dichterische Plan des Parzivalromans, Beitr. 74, 1952, S. 160–192, 409–453.

HANS EGGERS, Strukturprobleme mittelalterlicher Epik, dargestellt am ›Parzival‹ Wolframs von Eschenbach, Euph. 47, 1953, S. 260 bis 270.

JEAN FOURQUET, La structure du ›Parzival‹, in: Les romans du Graal ..., Paris 1956, S. 199–211.

PAUL SALMON, Ignorance and Awareness of Identity in Hartmann and Wolfram: An Element of Dramatic Irony, Beitr. 82 (Tüb.), 1960, S. 95–115.

JEAN FOURQUET, La composition des livres III à VI du ›Parzival‹, in: Mediaeval German Studies Presented to Frederick Norman, London 1965, S. 138–156.

*Gahmuret-Bücher:*

MARGARET F. RICHEY, Gahmuret Anschevin, a Contribution to the Study of Wolfram von Eschenbach, Oxford 1923.

ERNST CUCUEL, Die Eingangsbücher des ›Parzival‹ und das Gesamt-
werk, 1937.
FRIEDRICH PANZER, Gahmuret, Quellenstudien zu Wolframs ›Parzi-
val‹, Sitzungsber. der Heidelberger Akad. d. Wiss., phil.-hist. Kl.,
Jg 1939/40, no 1, 1940.
WILLEM SNELLEMAN, Das Haus Anjou und der Orient in Wolframs
›Parzival‹, Proefschrift Amsterdam, Nijkerk 1941.
KRIEMHILD SPROEDT, Gahmuret und Belakane, Verbindung von
Heidentum und Christentum in einem menschlichen Schicksal,
Diss. Hamburg 1964.
ARTHUR T. HATTO, Zur Entstehung des Eingangs und der Bücher
I und II des ›Parzival‹, ZfdA 84, 1952/53, S. 232–240.

*Gawan-Bücher:*

GEORG KEFERSTEIN, Die Gawanhandlung in Wolframs ›Parzival‹,
GRM 25, 1937, S. 256–274.
WOLFGANG MOHR, Parzival und Gawan, Euph. 52, 1958, S. 1–22.
SIDNEY M. JOHNSON, Gawan's Surprise in Wolfram's ›Parzival‹, GR
33, 1958, S. 285–292.
MARIANNE WYNN, Parzival and Gâwân – Hero and Counterpart,
Beitr. 84 (Tüb.), 1962, S. 142–172.
XENJA VON ERTZDORFF, Fräulein Obilot. Zum siebten Buch von
Wolframs ›Parzival‹, WW 12, 1962, S. 129–140.

*Religiöse Problematik:*

SAN-MARTE (A. SCHULZ), Über das Religiöse in den Werken Wolframs von Eschenbach und die Bedeutung des heiligen Grals in
dessen ›Parcival‹, 1861.
GOTTFRIED WEBER, Der Gottesbegriff des ›Parzival‹, 1935.
JOANNES C. DANIELS, Wolframs ›Parzival‹, S. Johannes der Evange-
list und Abraham Bar Chija, Proefschrift Nijmegen 1937.
BENEDIKT MOCKENHAUPT, Die Frömmigkeit im ›Parzival‹ Wolframs
von Eschenbach, 1942.
JULIUS SCHWIETERING, Parzivals Schuld, ZfdA 81, 1944/46, S. 44–68;
auch in: J. S., Mystik und höfische Dichtung im Hochmittelalter,
1960, S. 37–70.
FRIEDRICH MAURER, Parzivals Sünden, DVjs. 24, 1950, S. 304–346.
WOLFGANG MOHR, Parzivals ritterliche Schuld, WW 2, 1951/52,
S. 148–160.
OTTO G. VON SIMSON, Über das Religiöse in Wolframs ›Parzival‹,
Deutsche Beitr. zur geistigen Überlieferung, (Jg 2), 1953, S. 25
bis 45.
EDWIN H. ZEYDEL, Wolframs ›Parzival‹, „Kyot" und die Katharer,
Neophilologus 37, 1953, S. 25–35.
KARL HELM, Bemerkungen zu einigen Problemen in Wolframs
›Parzival‹ (*zwîvel, sünde*, Mitleidsfrage), Eine Heilige Kirche, in der
Nachfolge der „Eiche" Jg 27, 1953/54, S. 97–102.

PAULUS B. WESSELS, Wolfram zwischen Dogma und Legende, Beitr. 77 (Tüb.), 1955, S. 112–135.

HERBERT KOLB, Schola Humilitatis, Ein Beitrag zur Interpretation der Gralerzählung Wolframs von Eschenbach, Beitr. 78 (Tüb.), 1956, S. 65–115.

OSKAR KATANN, Einflüsse des Katharertums auf Wolframs ›Parzival‹?, WW 8, 1957/58, S. 321–329.

WILLIAM T. H. JACKSON, The Progress of Parzival and the Trees of Virtue and Vice, GR 33, 1958, S. 118–124.

FRANZ R. SCHRÖDER, Parzivals Schuld, GRM 40, 1959, S. 1–20.

HANS-JOACHIM KOPPITZ, Wolframs Religiosität, Beobachtungen über das Verhältnis Wolframs von Eschenbach zur religiösen Tradition des Mittelalters, 1959.

BERNARD WILLSON, „Mystische Dialektik" in Wolframs ›Parzival‹, ZfdPh. 79, 1960, S. 57–70.

ALOIS M. HAAS, Laienfrömmigkeit im ›Parzival‹ Wolframs von Eschenbach, Geist und Leben 38, 1965, S. 117–135.

PETRUS W. TAX, *felix culpa* und *lapsit exillis*: Wolframs ›Parzival‹ und die Liturgie, Modern Language Notes 80, 1965, S. 454–469.

*Begriffe:*

HERMANN HECKEL, Das ethische Wortfeld in Wolframs ›Parzival‹, Diss. Erlangen 1939.

HELEN ADOLF, The Theological and Feudal Background of Wolfram's *zwîvel* (*P.*, 1, 1), JEGP 49, 1950, S. 285–303.

HEINRICH HEMPEL, Der *zwîvel* bei Wolfram und anderweit, in: Erbe der Vergangenheit, Festg. für KARL HELM, 1951, S. 157–187.

WOLFGANG MOHR, Hilfe und Rat in Wolframs ›Parzival‹, in: Festschr. für JOST TRIER, 1954, S. 173–197.

HEINZ RUPP, Die Funktion des Wortes *tump* im ›Parzival‹, GRM 38, 1957, S. 97–106.

RAINER GRUENTER, Parzivals *einvalt*, Euph. 52, 1958, S. 297–302.

WERNER SCHRÖDER, Zum Wortgebrauch von *riuwe* bei Hartmann und Wolfram, GRM 40, 1959, S. 228–234.

JULIUS SCHWIETERING, Natur und *art*, ZfdA 91, 1961/62, S. 108–137.

JAMES F. POAG, Heinrich von Veldeke's *minne*; Wolfram von Eschenbach's *liebe* and *triuwe*, JEGP 61, 1962, S. 721–735.

ADELAIDE VIETH JAFFÉ, *gedranc* und *zuht* in Wolfram's ›Parzival‹, German Quarterly 38, 1965, S. 157–163.

*Gral:*

J. F. D. BLÖTE, Zum *lapsit exillis*, ZfdA 47, 1904, S. 101–124.

GUSTAV EHRISMANN, *Er heizet lapsit exillîs*, Pz. 469, 7, ZfdA 65, 1928, S. 62–63.

MAURICE WILMOTTE, La conception du Gral chez Wolfram d'Eschenbach, Acad. royale de Belgique, Bulletins de la classe des lettres, 5ᵉ sér., Bd XIX, Bruxelles 1933, S. 247–264.

Friedrich Ranke, Zur Symbolik des Grals bei Wolfram von Eschen-
bach, Trivium 4, 1946, S. 20–30.
Arthur T. Hatto, On Wolfram's Conception of the ‚Graal', MLR
43, 1948, S. 216–222.
Bodo Mergell, Der Gral in Wolframs ›Parzival‹, Entstehung und
Ausbildung der Gralsage im Hochmittelalter, Beitr. 73, 1951,
S. 1–94; 74, 1952, S. 77–159.
Hermann J. Weigand, A Jester at the Grail Castle in Wolfram's ›Par-
zival‹?, PMLA 67, 1952, S. 485–510.
Ders., Wolfram's Grail and the Neutral Angels, GR 29, 1954, S.
83–95.
Willy Krogmann, wunsch von pardîs, ZfdA 85, 1954/55, S. 35–38.
Hans Sperber, Lapsit exillis und Sarapandratest, ZfdA 87, 1956/57,
S. 270–275.
Henry und Renée Kahane, Wolframs Gral und Wolframs Kyot,
ZfdA 89, 1958/59, S. 191–213.
Roswitha Wisniewski, Wolframs Gralstein und eine Legende von
Lucifer und den Edelsteinen, Beitr. 79 (Tüb.), 1957, S. 43–66.
Werner Richter, Wolfram von Eschenbach und die blutende Lan-
ze, Euph. 53, 1959, S. 369–379.
Henry and Renée Kahane in Collaboration with Angelina Pie-
trangeli, The Krater and the Grail: Hermetic Sources of the
›Parzival‹, Urbana/Ill. 1965.

## VI. ›Willehalm‹

1. Überlieferung. Wenn man dem Umfang der Überlieferung trauen darf, gehörte der ›Willehalm‹ zu den meistgelese-
nen Dichtungen des Mittelalters und stand an Beliebtheit hinter dem ›Parzival‹ kaum zurück. Das neueste Handschriftenverzeichnis von Schröder und Schanze umfaßt 76 Nummern
und ist schon wieder ergänzungsbedürftig. Die Überlieferung
ist aber insofern schlechter als die des ›Parzival‹, als von den
zwölf vollständig erhaltenen Handschriften nur eine aus dem
13. Jh. stammt, die St. Galler Handschrift K (Stiftsbibliothek
857), alle anderen aus dem 14. und 15. Jh. (dagegen ist die Zahl
der alten Fragmente überraschend groß: mindestens 22 von
insgesamt 64 gehören noch ins 13. Jh., falls die Datierungen zu-
verlässig sind). Lachmann teilte die ihm bekannte Überlieferung in drei Zweige; den besten repräsentiert K, demgegenüber
die beiden anderen, l und op, eine Art „Vulgata" darstellen.
Dieses Bild hat die spätere Forschung nicht grundsätzlich verändert, wenn sie auch den jüngeren Handschriften (besonders
der Gruppe lt) mehr Gewicht zugestand. Eine Untersuchung
der Handschriftenverhältnisse ist angekündigt; erst wenn sie

vorliegt, wird man an eine Neugestaltung des Textes denken können, die sehr erwünscht wäre; denn LACHMANN wußte, daß sein kritischer ›Willehalm‹-Text „bei weitem so gut nicht als der des ›Parzivals‹" war (Vorrede, S. XXXIII). Für die Wirkungsgeschichte ist es interessant, daß der ›Willehalm‹ in den meisten Handschriften zwischen dem ›Willehalm‹ Ulrichs von dem Türlin und dem ›Rennewart‹ Ulrichs von Türheim steht: in dieser zyklischen Form hat man die Dichtung im Spätmittelalter gelesen.

2. STOFF UND VORLAGE. Die neue Vorlage war eine Chanson de geste aus dem Zyklus um Guillaume d'Orange. Wolfram trat damit in die Spuren des Pfaffen Konrad und seiner Übertragung der ›Chanson de Roland‹. Sonst hat die reiche Chanson-Epik in der mittelhochdeutschen Blütezeit erstaunlich wenig gewirkt, und auch Wolfram hat der Gattung nicht zum Durchbruch verholfen. Erst im Spätmittelalter wurden die französischen Heldensagen in Deutschland beliebt: eine Reihe der sog. Volksbücher (›Loher und Maller‹, ›Hug Schapeler‹, ›Die vier Haimonskinder‹ usw.) sind nach Chansons de geste gearbeitet.

Der historische Wilhelm, ein Enkel Karl Martells, wurde 790 Graf von Toulouse. 793 unterlag er zwischen Narbonne und Carcassonne den aus Spanien eingefallenen Arabern, aber sein Widerstand brach die Angriffskraft der Feinde. Später hat er sich noch einmal bei den Kämpfen um Barcelona ausgezeichnet. 804 stiftete er das Kloster Gellone (nordwestlich von Montpellier); 806 entsagte er der Welt und beschloß sein Leben als Mönch in dem Kloster, das im 12. Jh. ihm zu Ehren umbenannt wurde (der Ort heißt noch heute St.-Guilhem-le-Desert); von dort verbreitete sich allmählich der Ruhm seiner Heiligkeit. In welcher Form die Erinnerung an seine Heldentaten lebendig blieb, gehört zu den ungelösten Ursprungsfragen der Chansons de geste. Erst im 12. Jh. – etwa zur gleichen Zeit, als durch die Erhebung seiner Gebeine (1138) und die Abfassung der ›Vita Sancti Wilhelmi‹ der Wilhelmkult neue Anregung erfuhr – beginnt die epische Überlieferung mit der ›Chançun de Willame‹, die von der Doppelschlacht gegen die Heiden auf dem Archampfeld erzählt (die Handlung ist hier an die katalanische Küste verlegt). Das Lied hat offenbar Erfolg gehabt, denn bald wurden die Taten Guillaumes in neuen Chansons besungen, die nun den schmalen Boden geschichtlicher Überlieferung gänzlich verließen: wie er nach dem Tod Karls des Großen dessen Sohn die Nachfolge sicherte (›Couronnement de Louis‹), wie er mit einer Kriegslist Nîmes eroberte (›Charroi de Nîmes‹), wie er die Liebe und die Hand der arabischen Prinzessin Orable gewann (›Prise d'Orange‹) usw. Das Interesse an dem alten Heidenkämpfer zog immer weitere Kreise: seine zahlreichen Brüder und Neffen traten selbständig hervor, sein Vater Aymeri de Narbonne wurde zum Helden mehrerer Lieder, und bis zum 14. Jh. wuchs schließlich ein gewaltiger Epenzyklus von 24 Chansons zusammen, worin die Geschichte Guillaumes in eine vielgestaltige Familienüberlieferung eingebettet ist, die mit den Taten seines Urgroßvaters Garin de Monglane beginnt. Das alte Kernstück der Geste, die ›Chançun de Willame‹, wurde in der zweiten Hälfte des 12. Jhs neubearbeitet, und diese Bearbeitung, die ›Bataille d'Aliscans‹, war Wolframs Quelle.

Die ›Bataille d'Aliscans‹ (8510 Zehnsilberverse in gereimten Laissen) wird um 1180 datiert; doch stellt dies Datum bei der allgemeinen Unsicherheit der Chanson-Chronologie nur einen Annäherungswert dar. Die 13 erhaltenen Handschriften teilen sich in zwei Redaktionen: die eine ist gekennzeichnet durch den sechssilbigen „Vers orphelin" am Ende jeder Laisse und wird nur durch eine Handschrift, die älteste und beste (Paris, Arsenal 6552, von ca 1225) repräsentiert; die andere Redaktion, ohne diesen Schlußvers, ist in 12 Handschriften überliefert. Ob der *orphelinus* zum Original gehörte, ist nicht sicher entschieden. Überhaupt weichen die Handschriften im Textbestand und in den Lesarten zum Teil weit voneinander ab; und eine zuverlässige Rekonstruktion des Originals ist kaum zu erwarten, da für die mündlich komponierten und verbreiteten Chansons nicht derselbe Originalitätsbegriff anzuwenden ist wie für den höfischen Roman. Die Handlung beginnt mitten im Getümmel der ersten Schlacht, die mit der vollständigen Vernichtung des christlichen Heeres endet. Viviens Tod in den Armen seines Oheims Guillaume ist ein erster Höhepunkt. Guillaume läßt das bedrohte Orange in der Obhut seiner Gemahlin Guiborg und reitet aus, um die Hilfe des Königs zu erbitten. Er trifft ihn in Montlaon und überwindet seinen Widerstand. Auch Guillaumes Verwandte sagen ihre Hilfe zu. Den tatkräftigsten Helfer gewinnt er jedoch in Rainoart, einem Sohn des Heidenkönigs Desramé, der unerkannt am französischen Hof als Küchenjunge dient. Dieser tritt nun immer mehr in den Vordergrund. Seine gewaltige Waffe, der *tinel*, und sein heimlicher Hang zur Küche geben ständig neuen Anlaß zu burlesken Streichen. Die zweite Schlacht wird dann zu einer gro-

ßen Rainoart-Aristie: mit seiner Stange besiegt er die fürchter-
lichsten Heidenmonstren, darunter Brüder und Verwandte. Nur
Desramé kann sich mit wenigen Getreuen retten. Zuletzt wird
Rainoart getauft und erhält Guillaumes Nichte Aelis, die Toch-
ter des französischen Königs, zur Frau. – Fast die gesamte Überlieferung der ›Bataille d'Aliscans‹ ist zyklisch (nur in einer späten Handschrift steht das Epos allein), d. h. seit dem Anfang
des 13. Jhs ist das Werk nur noch im Zusammenhang mit anderen Teilen der Wilhelmgeste gelesen und verbreitet worden.
In den meisten Handschriften steht es zwischen der ›Chevalerie Vivien‹ und der ›Bataille Loquifer‹, und auf diesen Zusammenhang nimmt der überlieferte Text an mehreren Stellen
Rücksicht. Die Verbindung ist nach beiden Seiten so eng, daß
man die Texte nacheinander lesen kann, ohne die Grenzen zu
bemerken. Da aber offenbar die beiden ›Aliscans‹ umgebenden
Epen jünger sind als das Mittelstück, rechnet man damit, daß
es eine vor-zyklische Fassung gegeben hat, die sich aus der
Überlieferung jedoch nicht mehr sicher erschließen läßt.

Wolfram kann keine der erhaltenen ›Aliscans‹-Handschrif-
ten benutzt haben, sie sind alle zu jung. In welcher Gestalt ihm
die Chanson vorgelegen hat, ist eine vieldiskutierte Frage, auf
die es wohl keine endgültige Antwort gibt. Sicher ist nur, daß
seine Quelle bereits die lange Baudus-Episode am Schluß enthielt, die in enger Verbindung mit den folgenden Rainoart-
Branchen steht. Man hat beobachtet, daß Wolframs Text an
einigen Stellen (besonders in der Orléans-Episode und im zweiten Religionsgespräch zwischen Gyburg und Terramer) der
späten Prosaauflösung von ›Aliscans‹ näher verwandt ist als der
alten Überlieferung. Noch merkwürdiger ist, daß in keiner
›Aliscans‹-Handschrift (und in keinem anderen Lied der Wilhelmgeste) die berühmten Steinsarkophage des Friedhofs Les Aliscamps (*elysii campi*, südlich von Arles) erwähnt werden, obwohl
man annehmen muß, daß dieser Friedhof die Sage angezogen
und dem Schlachtfeld den Namen gegeben hat. Wolfram erzählt
von der wunderbaren Entstehung der Sarkophage (259, 9ff.),
aber er verbindet sie nicht mit dem Namen Alischanz und erwähnt nicht die Nähe von Arles. Seine Kenntnis stammt vielleicht aus der ›Kaiserchronik‹, wo die Sarkophage bei Arles erwähnt werden (ed. SCHRÖDER, 14885 ff.), jedoch ohne eine Beziehung auf Willehalm. Genauere Auskunft gibt ein Brief des
Erzbischofs von Arles, Michael de Mouriez (1202–1207); danach liegen in den Gräbern von Aliscamps (*Aliscampi*) die Gebeine derer, *qui sub beato Karolo et beato Willelmo et Viziano, ne-*

*pote ejus, triumphali agone peracto, proprio sunt sanguine laureati.* War
dieser Brief Wolfram bekannt? Damit berühren wir das Problem
der Nebenquellen, das im wesentlichen um die Frage kreist,
welche anderen Epen des Wilhelmzyklus Wolfram gekannt und
benutzt hat. In Betracht kommen hauptsächlich der kleine
Aymerizyklus (besonders die Branchen ›Li Nerbonois‹ und
›Guibert d'Andrenas‹) für die Verse 5, 16 ff.; ›Le Charroi de
Nîmes‹ für 298, 14 ff.; und die ›Chevalerie Vivien‹ für die ganze
Anfangspartie. Bei der zyklischen Überlieferung von ›Aliscans‹
ist es von vornherein wahrscheinlich, daß die von Wolfram
benutzte Handschrift auch andere Teile der Geste enthielt. Die
wiederholten Untersuchungen haben jedoch zu keinem sicheren Ergebnis geführt, weil in jedem Fall mit der Möglichkeit
zu rechnen ist, daß entsprechende Hinweise auf andere Branchen bereits in Wolframs Vorlage standen. Nur die Benutzung
der ›Chevalerie Vivien‹ kann als einigermaßen gesichert gelten.

Zu den „Nebenquellen" gehört auch die zeitgenössische
deutsche Dichtung. Der Text bezeugt die Kenntnis Veldekes,
Hartmanns und Gotfrids; aber wichtiger sind die alten Histo-
rien und Ereignisdichtungen: ›Kaiserchronik‹, ›Nibelungenlied‹ und besonders das ›Rolandslied‹. Vom Pfaffen Konrad hat
Wolfram nicht nur sachliche und stilistische Anregungen emp-
fangen, er hat die Geschichte von Willehalms Kampf gegen Terramer auch inhaltlich mit dem ›Rolandslied‹ in Verbindung gebracht, indem er Terramer zu Baligans Neffen und Erben und
Willehalm zum eigentlichen Karlsnachfolger gemacht hat. Auf
Alischanz wird ein Kampf ausgetragen, der einst in Runzeval
begann. Es ist gewiß kein Zufall, daß der ›Willehalm‹ in zwei
Handschriften neben Strickers ›Karl‹ steht: in dieser Bearbeitung gelangte das ›Rolandslied‹ im 13. Jh. zu neuer Wirkung.

3. AUFBAU. LACHMANN hat die Dichtung in neun Bücher
eingeteilt:

   I   Erste Schlacht
  II   Vivianz' Tod. Willehalm in Orange
 III   Ritt nach Munleun. Zusammenstoß mit dem König
  IV   Versöhnung mit Loys. Rennewart
   V   Ankunft der Heere in Orange
  VI   Rennewart und Gyburg. Fürstenrat
 VII   Aufmarsch der Heere
VIII   Zweite Schlacht
  IX   Willehalms Sieg. Klage um Rennewart

RICHARD KIENAST vermutet, daß mit der Klage um Rennewart das zehnte und letzte Buch beginnt (bei 452, 1). Die stärksten Einschnitte liegen nach Buch II und Buch IV; sie heben
die Munleun-Episode aus dem Handlungsraum der Provence
heraus. Bereits in ›Aliscans‹ ist diese Dreiteilung: erste Schlacht
– Montlaon – zweite Schlacht, die Grundlage des Aufbaus. Die
übrigen Grenzen haben weniger Gewicht. Der feste Erzählzusammenhang des ›Willehalm‹ läßt die Bucheinheiten nicht
so deutlich hervortreten wie die *âventiure*-Komposition des
Artusromans. LACHMANNS Einteilung stützt sich hauptsächlich
auf die St. Galler Handschrift K, die dreizehn goldgeschmückte
Großinitialen besitzt (eine vierzehnte, kleinere Initiale steht bei
5, 15). In der Handschrift schwanken die Abschnitte zwischen
390 und 1928 Versen, bei LACHMANN hat das kürzeste Buch
(VIII) 1230, das längste (IX) 1928 Verse. Es ist vielleicht nicht
unbeabsichtigt, daß Vivianz' Tod in K ein ganzes „Buch" füllt
(58, 1 – 70, 30) und daß mit Rennewarts erstem Auftritt ein
neuer Abschnitt beginnt (bei 185, 1). Es ist auch möglich, daß
LACHMANN irrte, als er die zusammenhängende Schilderung des
Gastmahls in Orange (246, 1 – 277, 30) auflöste und in die
Mitte einen neuen Buchanfang setzte (bei 269, 1), wo die Handschriften keine Großinitiale haben.

Wolfram hat die alte Heldengeschichte dem künstlerischen
Stil des höfischen Romans angepaßt. Das zeigt sich im mate-
riellen Aufwand an Kleidung und Schmuck, in der strengen
Beachtung der höfischen Etikette, in der Anwendung der
ritterlichen Waffentechnik und vor allem in der farbenprächti-
gen Exotik der Heiden und ihrem Minnekult. Auch sprachlich-
stilistisch erfüllt der ›Willehalm‹ die Ansprüche des modernen
Romans und ist sogar „in der Form reicher und feiner ausge-
bildet" als der ›Parzival‹ (LACHMANN, Vorrede, S. XL). Der
harte, blockartige Laissenstil der Chanson ist durch eine
schmiegsame Erzählfolge ersetzt, die Gesprächsführung ist
nach dem Vorbild der höfischen Dialoge verfeinert, die Mo-
tivierung ist subtiler, die Szenentechnik raffinierter, die ein-
strängige Darstellung ist zu einem vielgestaltigen Gesamtbild
erweitert, besonders in den beiden Schlachten, denen eine plan-
volle Strategie zugrunde gelegt ist, während sie in ›Aliscans‹
aus einer Kette von Einzelaristien bestanden.

Im französischen Zyklus ist Guillaume der berühmte Heidenkämpfer, der schon oft den Angriff der Feinde abgeschlagen
hat und der auch nach dem Sieg auf Aliscans bald wieder in
neue Kämpfe verwickelt wird. Es tut seiner Heldenrolle keinen

Abbruch, wenn mitunter andere Gestalten dominierend in den Vordergrund treten; denn in den späteren Teilen der Geste kehrt die Handlung immer wieder zu ihm zurück. Wolfram hat diese lockere zyklische Komposition aufgegeben; für ihn steht von Anfang bis zum Ende Willehalm im Mittelpunkt, und sein Kampf auf Alischanz ist nicht mehr Glied einer langen Kette, sondern ein einmaliges und entscheidendes Ereignis: es ist der Kampf um Gyburg. Dies Motiv begegnet auch in der französischen Dichtung, aber es besitzt dort nicht dieselbe zentrale Bedeutung; der Anlaß zum Krieg ist vielmehr die übermütige Herausforderung der Heiden durch Vivien. Bei Wolfram sind die Heiden ausgezogen, um Gyburg zurückzugewinnen, und Willehalms Sieg in der zweiten Schlacht bedeutet die endgültige Abwehr ihrer Ansprüche. Dadurch wird Gyburg zu einer Hauptgestalt der deutschen Dichtung. Die wichtigsten Szenen, die Wolfram neu geschaffen hat, sind Gyburgszenen: die beiden Religionsgespräche mit Terramer, die beiden Liebesszenen in Orange und ihre große „Toleranzrede" im VI. Buch. Während Willehalm die Kampfhandlung leitet, führt Gyburg die religiöse Auseinandersetzung mit den Heiden; zusammen bestehen sie die Schrecken des Krieges. Ob sie durch diese Erfahrungen innerlich verwandelt werden, d. h. ob die Menschendarstellung im ›Willehalm‹ dem Gesetz einer inneren Entwicklung folgt, wird in der neueren Forschung verschieden beurteilt. Man hat Willehalm mit Parzival verglichen und hat hier wie dort dasselbe Prinzip gefunden, das den Helden durch furchtbare Erschütterungen zu einer neuen Haltung gelangen läßt. Tatsächlich ist der Willehalm der letzten Szene, der die Feindschaft der Heiden mit einer großen Versöhnungsgeste beantwortet, ein anderer als der erbarmungslose Kämpfer der beiden Schlachten; ein „Reifer- und Ruhigerwerden" (MAURER) ist hier am Ende unverkennbar. Anderseits fehlt aber der Willehalmdarstellung alles das, was für Parzivals inneren Weg kennzeichnend war: das allmähliche Bewußtwerden des Helden, die innere Umkehr, und vor allem fehlt auch die typische Verschuldung, die bei Chrestien die innere Handlung erst in Bewegung bringt. Die Tötung Arofels ist zu Unrecht dem Kampf mit Ither, der *grôzen sünde* Parzivals, an die Seite gestellt worden: weder ist Arofel Willehalms Verwandter noch wird ihm sein Tod als Sünde angerechnet. Arofel wird aus Rache für Vivianz erschlagen; das ist ein ehrbares Motiv in der Kreuzzugsdichtung, denn schon die Bibel kennt den Racheschrei der Märtyrer im Himmel (*Apoc.* VI, 10). Bei aller Nähe zum Artusroman bleibt somit der ›Willehalm‹ dem Baugesetz des Heldenepos verpflichtet. „Stärkeres Herausarbeiten einer einzigen Hauptperson nach Art des höfischen Romans hat ›Willehalm‹ und ›Nibelungenlied‹, beides ursprünglich reine Ereignisdichtungen, in ihrer Tendenz nach künstlerischer Einheit gefördert, wenn auch diese Einheit zunächst auf der Folge der Ereignisse und ihrer immanenten Verknüpfung beruht" (SCHWIETERING, Die deutsche Dichtung des Mittelalters, S. 180). Über die Kausalität des äußeren Handlungsablaufs hinaus sind die einzelnen Vorgänge, Szenen und Figuren mannigfach parallelisierend und kontrastierend miteinander verknüpft. Das symmetrische Raumschema (Schlachtfeld – Orange – Munleun – Orange – Schlachtfeld), dem Wolfram auch die neugeschaffenen Szenen zugeordnet hat, ist durch die Herausarbeitung der verschiedenen Etappen auf dem Weg von Orange nach Munleun (Orléans – Kloster – Munleun – Kloster – Orléans) und durch die Beiordnung eines symmetrischen Zeitschemas noch weiter verstärkt. Die beiden Schlachten stehen bis in die Einzelkämpfe hinein in antithetischer Beziehung zueinander. Diese statischen Baumittel der Altersdichtung werden durch eine dynamische Gesamtstruktur ergänzt. Allmählich im Verlauf der Handlung verändert und erweitert sich der Gesichtspunkt, unter dem der Krieg zwischen Christen und Heiden gesehen wird. Zuerst scheint es eine private Minnefehde um den Besitz Gyburgs zu sein, die bald zum Glaubenskrieg auswächst und sich schließlich als Zusammenstoß des christlichen und des heidnischen Weltreichs enthüllt. Auf diese Weise gewinnt die Dichtung eine innere Geschlossenheit, die die Chanson noch nicht besaß.

Der Anfang von ›Aliscans‹ ist Teil und Höhepunkt eines Vivienromans, der Schluß leitet zum Rainoartzyklus der folgenden Branchen über. Wolfram hat den epischen Spielraum dieser Nebenfiguren erheblich beschränkt; seine stärksten Eingriffe finden sich deswegen in der Anfangs- und Schlußpartie. Der fortlaufende Bericht von Viviens Kämpfen (Laisse III bis XIV) ist zu zwei kurzen Schlachtepisoden zusammengezogen, und die wichtigste Vivienszene der ersten Schlacht, als der Held für einen Moment seinen Schwur vergißt und sich zur Flucht wendet, fehlt bei Wolfram. Nur die Sterbeszene hat ihr Gewicht behalten: in Vivianz' Märtyrertod spiegelt sich das Geschick des ganzen christlichen Heeres. Ebenso hat Wolfram die burlesken Rainoartszenen gekürzt und zuletzt über vierzig Laissen mit Rainoarthandlung (L. CXXII–CLXV) einfach übersprungen. Am Schluß der Dichtung bleiben jedoch manche

Fragen offen. Die Schlußgestaltung ist schon immer ein Haupt-
problem der ›Willehalm‹-Forschung gewesen. Grundsätzlich
gibt es drei verschiedene Positionen:

1. Der ›Willehalm‹ ist Fragment geblieben. Bereits Lachmann hat von einem „unvollendeten Gedichte" gesprochen
(Vorrede, S. XL), und diese Ansicht hat bis heute die meiste
Zustimmung gefunden. Das Hauptargument für den Frag-
mentcharakter ergibt sich aus der Anlage der Rennewarthandlung. Rennewart ist der unerkannte Sohn Terramers und Bruder Gyburgs: diese aus der Quelle übernommenen Motive verlangen, ebenso wie seine Liebe zu Alyze, eine Fortsetzung und
Auflösung. Man hat vielfach in der letzten Szene (der sog.
Matribleizszene) die Vorbereitung für eine endgültige Versöhnung der Feinde gesehen und hat daraus geschlossen, daß der
Gegensatz zwischen Christen und Heiden am Schluß überwunden werden sollte, ähnlich wie im ›Parzival‹. Allerdings bietet
der Text nur geringe Anhaltspunkte für eine solche Lösung.

2. Der ›Willehalm‹ ist so wie ihn die Handschriften überliefern eine abgeschlossene und vollendete Dichtung. Dieser
Gedanke ist bereits im 19. Jh. diskutiert worden und hat zuletzt in Bodo Mergell einen Fürsprecher gefunden. Er ging
davon aus, daß das Hauptgeschehen im wesentlichen abgeschlossen ist, und interpretierte die offene Rennewarthandlung
als „tragisches" Ende. Man kann dieser Auffassung zugestehen,
daß sie sich von unbeweisbaren Hypothesen über die möglichen
Fortsetzungspläne des Dichters freihält; und man kann aner-
kennen, daß der überlieferte Text sicher nicht zufällig ausklingt
mit den Worten: *sus rûmt er Provenzâlen lant* (467, 8; die fünf-
zehn Verse, die in Leitzmanns Ausgabe noch folgen, sind nur
in den Handschriften K und m überliefert und stammen vermutlich nicht von Wolfram): am Anfang der Dichtung stand
der Angriff der Heiden auf die Provence (*des hers überkêr* 8, 29);
am Ende verläßt der letzte Heidenkönig besiegt das Land. Das
ist ein sinnvoller Abschluß. Dennoch wird sich diese Auffassung kaum durchsetzen, weil sie das Rennewartproblem nicht
überzeugend zu erklären vermag. Rennewart endet eben nicht
tragisch, sondern verschwindet einfach, und sein Geschick
bleibt zuletzt im Dunkeln.

3. Der ›Willehalm‹ ist zwar seiner Konzeption nach ein
Fragment, aber zuletzt hat Wolfram seinen Plan geändert und
hat einen überraschenden Abschluß der Dichtung erreicht. Dieser Gedanke ist zuerst von Ernst Bernhardt vorgetragen
worden, der den überlieferten ›Willehalm‹-Schluß für ein dem

Dichtungsfragment aufgesetztes „Notdach" erklärte. Er akzeptierte also grundsätzlich die erste Ansicht, suchte sie jedoch durch eine Analyse der Matribleizszene zu modifizieren. Am Schluß wird Rennewarts Schicksal derartig im Unklaren gelassen, daß noch bei der Abreise des Königs Matribleiz nicht feststeht, ob Rennewart von den Heiden gefangen oder in der Schlacht gefallen ist (oder ob er, wie in ›Aliscans‹, auf dem Schlachtfeld vergessen wurde). Wolfram lenkt zuletzt die Aufmerksamkeit von Rennewart ab und schafft mit der Übersendung der toten Heidenkönige eine symbolhafte Versöhnungsgeste, die keine Antwort mehr erwartet und keine Fortsetzung verlangt. Ob diese Auffassung vor der ersten den Vorzug verdient, muß die künftige Forschung entscheiden.

4. INTERPRETATIONSPROBLEME. Der Krieg zwischen Christen und Heiden gehört seit dem ›Rolandslied‹ zu den großen Themen der mittelhochdeutschen Dichtung. Der Pfaffe Konrad hatte dem Thema eine verführerisch einfache Deutung gegeben, indem er die Augustinische Zweistaatenlehre auf seine Handlung übertrug: die Heiden gehören der *civitas diaboli* an, sie sind Knechte des Teufels und müssen vernichtet werden. Die Christen kämpfen für die Verwirklichung der *civitas Dei* auf Erden; wenn sie siegen, siegt Gott mit ihnen; wenn sie fallen, ist ihnen die ewige Seligkeit gewiß. Dieses Denkschema ist zum festen Bestandteil der Kreuzzugsideologie geworden, und es ist noch im ›Willehalm‹ lebendig. Auf dem Höhepunkt der ersten Schlacht schaltet Wolfram einen Exkurs ein (38, 17 ff.), der den Kampf gegen die Heiden ganz im Sinne des ›Rolandsliedes‹ deutet. Von dort übernahm Wolfram auch den Wunderapparat: das unmittelbare Eingreifen Gottes, das Erscheinen von Engeln auf dem Schlachtfeld und die Märtyrerattribute der christlichen Helden. Den Höhepunkt erreicht diese geistliche Stilisierung in Vivianz' Tod, dessen „süßen" Wunden ein Duft der Heiligkeit entströmt. Der epische Held wird zum Ritterheiligen, den der Dichter betend anruft (49, 12 ff.). Auch später sterben die Christen als Märtyrer, und der Kreuzzugsgedanke ist sogar in der zweiten Schlacht noch deutlicher herausgearbeitet (in der ersten wird nur beiläufig erwähnt, daß Willehalm und seine Ritter *Kristes tôt* auf ihre Rüstungen *geslagen und gesniten* haben: 31, 23 ff.). Aber mit dem Kreuzzugsgedanken tritt ein neuer Faktor in die Dichtung ein, der die Gültigkeit des geistlichen Deutungsschemas einschränkt: das *rîche*. Der Reichsgedanke rückt seit dem III. Buch immer mehr in den

Vordergrund und erlebt erst am Schluß seine höchste Entfaltung. Für Wolfram gibt es nur ein christliches Reich: das *rœmsche rîche*, das Imperium Romanum. Die nationalfranzösische Darstellung der Chanson ist zu einer imperialen Ordnung erweitert. (König Loys heißt *der rœmsche künec* und ist *vogt von Rôme*). Das christliche *rîche* des ›Willehalm‹ ist das Reich Karls des Großen, und in Wolframs Darstellung klingt das Bewußtsein an, daß die karolingische Reichsidee sich im deutschen Königtum fortgesetzt hat: Loys verweist auf seine *besten kraft hinder mir ze tiuschen landen* (210, 28–29). Der echte Karlserbe ist jedoch nicht der schwächliche König, sondern Willehalm, der als Markgraf sein Leben für die Verteidigung des Reiches einsetzt. Als Loys dem Schwager die verlangte Hilfe verweigert, wird ihm vorgehalten, *daz er dæhte ans rîches pfaht: diu lêrte inz rîche schirmen und nimmer des gehirmen ern wurbe es rîches êre* (182, 20–23). Die Schirmherrschaft über die ganze Christenheit ist der wesentliche Inhalt des römischen Reichsgedankens. Sie umschließt die Verteidigung der römischen Ehre (*ze werne rœmisch êre* 224, 23) und die Verteidigung des christlichen Glaubens (*ze wern den touf und unser ê* 297, 11). In der Funktion des *defensor ecclesiae* steht der römische Kaiser höher als alle anderen christlichen Herrscher, weil er sie an *auctoritas* (*ahte*) übertrifft (434, 8 ff.). Auf diese imperiale Idee ist der Kreuzzugsgedanke der zweiten Schlacht bezogen. Der abstrakte Dualismus von Gottesreich und Teufelsreich wird so mit konkretem politischen Inhalt erfüllt. Der innere Zusammenhang zwischen dem Kreuzsymbol und dem Reichsgedanken wird im Bild der Reichsfahne greifbar, unter der das christliche Heer in die zweite Schlacht zieht: *mit rehte sol des rîches van daz kriuce tragen* (332, 22–23). Im Unterschied zum Kreuzzugsgedanken des ›Rolandsliedes‹ hat der Heidenkrieg im ›Willehalm‹ keinen aggressiv-missionarischen Charakter. Nicht mehr die Ausbreitung des Gottesreiches auf Erden ist das Ziel, sondern die Verteidigung des christlichen Imperium Romanum.

Es ist verlockend, Wolframs Reichsauffassung mit zeitgeschichtlichen Entwicklungen und Vorstellungen in Verbindung zu bringen. Das Recht dazu gibt uns der Dichter in die Hand, da einzelnes nachweislich nicht einer literarischen Tradition, sondern der politischen Wirklichkeit entstammt: *rex Romanorum* war im 12. Jh. der offizielle Titel der deutschen Könige, und seit Heinrich VI. wurde das Kreuz in der Reichsfahne geführt. Ebenso war die Frage der echten Karlsnachfolge, die im ›Willehalm‹ eine so bedeutende Rolle spielt. ein aktuelles politisches Thema. Durch die Kanonisierung Karls des Großen 1165 und die Vernagelung der Karlsreliquien durch Friedrich II. im Jahre 1215 haben die deutschen Könige ihren Anspruch auf die Erbschaft Karls befestigt. Noch wichtiger sind jedoch die Beziehungen zur Kreuzzugsbewegung der Zeit. Seit Jerusalem 1187 von Saladin erobert wurde, ist der Ruf nach einem neuen Kreuzzug in Europa nicht mehr verstummt. Der stärkste Antrieb ging von Innozenz III. aus; aber er starb (1216), ohne sein Ziel erreicht zu haben. Im Juli 1215 hatte Friedrich II. nach seiner Krönung in Aachen das Kreuz genommen, und für mehr als ein Jahrzehnt stand nun die Kreuzzugsplanung im Mittelpunkt der Reichspolitik. Zuletzt fuhr der gebannte Kaiser ohne den Segen der Kirche nach Palästina (1228/29) und hat nicht mehr durch Waffengewalt, sondern durch diplomatisches Geschick noch einmal (für kurze Zeit) die heiligen Stätten der Christenheit zurückgewonnen. Unter den deutschen Reichsfürsten nahm an dieser Entwicklung keiner so lebhaften Anteil wie der Landgraf Ludwig IV. von Thüringen, der Sohn und Nachfolger Hermanns I. Da wir wissen, daß Teile von Wolframs Dichtung (vielleicht bedeutende Teile) erst nach Hermanns Tod (1217) entstanden sind, darf man vielleicht die spezifische Akzentuierung des Reichs- und Kreuzzugsgedankens im ›Willehalm‹ mit Stimmungen und Gesprächen am Thüringer Landgrafenhof unter Ludwig IV. in Verbindung bringen.

Auch das Heidenbild im ›Willehalm‹ ist charakteristisch verändert, ohne daß die traditionellen Züge vollständig verschwunden sind. In ›Aliscans‹ folgt auf den Sieg der Christen die Taufe Rainoarts und seines Bruders Baudus. Diese Züge hat Wolfram getilgt: er läßt Rennewart die Bekehrung ausdrücklich ablehnen (*nu ist mir der touf niht geslaht* 193, 19). Am Ende der deutschen Dichtung bekennt sich Matribleiz zu seinem *werden got Kâhûn* (463, 17), und Willehalm läßt die gefallenen Heidenkönige in ihre Heimat überführen, damit man sie dort *schône nâch ir ê bestate* (465, 19–20). Darin liegt die Anerkennung einer heidnischen *ê*, einer ethisch-religiösen Ordnung außerhalb des Christentums. Diese neue Haltung, die es vor Wolfram in der deutschen Dichtung nicht gegeben hat, ist bereits im Prologgebet angedeutet und wird in Gyburgs großer Rede im VI. Buch begründet. Mitten im Waffenlärm der Vorbereitung zur Schlacht ruft Gyburg zur Versöhnung und Barmherzigkeit auf: *hœrt eins tumben wîbes rât, schônt der gotes hantgetât* (306, 27–28). Gott ist der himmlische Vater aller Menschen, und er will nicht, daß seine Kinder verlorengehen. Seine *erbarmede rîchiu minne* (309, 12) umfaßt sie alle. Indem er selber denen verzieh, die ihn getötet haben, hat Gott den Menschen die Haltung gewiesen, auch im Kampf gegen die Heiden: *lâts iu erbarmen ime strît* (309, 6). Aus der Gewißheit der gemeinsamen Gotteskindschaft entsteht das Bild des liebenden und barmherzigen Gottes, der seine Hand über Gläubige und Ungläubige hält. Wolfram hat diesen Gedanken zuletzt noch einmal aufgenommen und zu einer grundsätzlichen Ablehnung der überkommenen Kreuzzugsidee weitergeführt:

> *die nie toufes künde*
> *enpfiengen, ist daz sünde,*
> *daz man die sluoc alsam ein vihe?*
> *grôzer sünde ich drumbe gihe:*
> *ez ist gar gotes hantgetât,*
> *zwuo und sibenzec sprâche, die er hât* (450, 15–20).

In Willehalms Abschiedssegen (466, 29 ff.) klingt die Dichtung aus mit dem Gedanken an den einen Schöpfergott, der seine Sterne über alle Menschen scheinen läßt.

In einer Dichtung, deren Thema der Krieg ist, wird bei Wolfram die Liebe zu einer bestimmenden Kraft. Auf beiden Seiten kämpfen die Ritter im Auftrag und um den Lohn ihrer Damen: *wîp heten dar gesant ze bêder sît alsölhe wer, dâ von daz kristenlîche her und diu fluot der Sarrazîne enpfiengen hôhe pîne* (361, 10–14). Zwei Minne-Heere stehen sich auf Alischanz gegenüber; aber *minne* bedeutet auf beiden Seiten nicht dasselbe. Für die Heiden ist sie eine abstrakte Macht, ein zur religiösen Instanz gesteigerter *amor carnalis* (*Amor der minnen got* 25, 14), der so ernst genommen wird, daß Tesereiz' Tod fast die Weihe eines Martyriums erlangt. Für die Christen dagegen stehen hinter der irdischen Minne stets *die hœhern gewinne* (400, 4). Die christlichen Ritter kämpfen *durh der zweir slahte minne, ûf erde hie durh wîbe lôn und ze himel durh der engel dôn* (16, 30–17, 2). Irdische und himmlische Minne sind zwei Aspekte der einen umfassenden Liebe, die in Gott ihren Ursprung hat. Durch die Zurückführung auf Gott gewinnt die irdische Liebe eine neue Bedeutung. Die beiden Liebesszenen in Orange scheinen in einem beinah störenden Kontrast zu der sie umgebenden Kampfhandlung zu stehen (*ob dâ schimphes wære zît?* 100, 2). Aber dann ergibt sich ein überraschender Zusammenhang zwischen der körperlichen Liebeserfüllung der Ehegatten und der beklemmenden Trauer um die Gefallenen: Willehalm *und diu künginne pflâgen sölher*

*minne, daz vergolten wart ze bêder sît daz in ûf Alyschanz der strît*
*hete getân an mâgen: sô geltic si lâgen* (279, 7–12). In einer Welt, in
der sich die Geschöpfe Gottes gegenseitig totschlagen, wird
die eheliche Liebe zu einem Weg, das furchtbare Leid zu „ver-
gelten", aufzuwiegen, zu überwinden, weil sie mit der selig-
machenden Liebe Gottes verbunden ist und in ihr die göttliche
Erlösungskraft wirkt.

Im ›Willehalm‹ ist die Frage, wie es möglich ist, in dieser
Welt zu bestehen, ohne das Heil der Seele zu gefährden, noch
einmal gestellt. Dem alternden Dichter genügte der Märchen-
schluß des ›Parzival‹ und die Einmaligkeit des prädestinierten
Helden nicht mehr; von dem Optimismus der Gralutopie ist
im ›Willehalm‹ nichts zu spüren. Die neue Dichtung ist von
der schmerzlichen Einsicht getragen, *daz man freude ie trûrens*
*jach zeinem esterîche und zeime dach, nebn, hinden, für, zen wenden*
(281, 11–13) und daß *diss lebens orden* unter dem Gesetz des
*jâmers* steht (280, 17ff.). Die hochgestimmte Freude der höfischen Geselligkeit reicht alleine nicht mehr aus, die Erschütte-
rung durch eine harte Lebenswirklichkeit aufzufangen und zu
überspielen. Zwar ist das Gesetz der höfischen Form auch noch
im ›Willehalm‹ gültig, aber sie ist nur noch Gesellschafts-
etikette und wird von der Intensität der menschlichen Leid-
erfahrung gesprengt: beim festlichen Gelage am Königshof
bleibt Willehalm traurig im Gedenken an Gyburg und verweigert die Teilnahme an der Festfreude aus einer selbstgewählten
Liebesaskese. Sein Auftreten am Königshof ist ein Verstoß gegen alle höfischen Konventionen, und dennoch ist das Recht
auf seiner Seite. Selbst im ritterlichen Kampf versagen die überkommenen Werte: *dâ wart sölch ritterschaft getân, sol man ir geben*
*rehtez wort, diu mac für wâr wol heizen mort* (10, 18–20). In keinem
anderen Epos der Blütezeit ist das bewegende Problem der
höfischen Kultur mit solchem Ernst und so bewußter Abwehr
aller Scheinlösungen behandelt. In der Figur des Kreuzritters
(die zwar ebenfalls einer literarischen Tradition entstammt,
aber ungleich mehr Wirklichkeitsnähe besitzt als der Gralsucher
Parzival) hat Wolfram eine letzte Antwort gesucht; und gleichzeitig hat er sich von dem Denkschema der alten Kreuzzugsideologie befreit. Der Krieg gegen die Ungläubigen rechtfertigt
sich für ihn nur noch durch die Beziehung auf die heilsge-
schichtliche Ordnung des Imperium Romanum. Der Kampf
wird nicht mehr sieghaft-glücklich, sondern unter den schwersten Entsagungen und Erschütterungen bestanden. Der unbe-
dingte Einsatz für die gottgewollte Aufgabe, der einem Mar-

tyrium *in mente* gleichkommt, ebnet dem Kreuzritter Willehalm den Weg zu Gott und erhebt ihn in den Rang der Heiligkeit. Gyburg hat dasselbe Leid zu bestehen, ohne sich auf den Reichsgedanken und die Kreuzzugsidee berufen zu können. In ihr hat Wolfram das Wunder einer Bewältigung durch *güete* geschaffen, durch gelebte Menschlichkeit und Frömmigkeit, durch den Glauben an den liebenden und erbarmenden Gott. Gyburg wird zuletzt als *heilic vrouwe* angerufen (403, 1): Menschlichkeit und Heiligkeit sind für Wolfram nicht extreme Gegensätze; in der *süezen* Gyburg zeigt er die Möglichkeit ihres Zusammenfalls. Gyburgs gelebte *güete*, ihre Liebe und Barmherzigkeit sind ein irdischer Abglanz der *güete* Gottes, sind ebenso eine *imitatio Christi* wie Willehalms geistiges Martyrium.

LITERATUR:

ERNST BERNHARDT, Zum ›Willehalm‹ Wolframs von Eschenbach, ZfdPh. 32, 1900, S. 36–57.

SUSAN A. BACON, The Source of Wolfram's ›Willehalm‹, 1910.

SAMUEL SINGER, Wolframs ›Willehalm‹, 1918.

LUDWIG WOLFF, Der ›Willehalm‹ Wolframs von Eschenbach, DVjs. 12, 1934, S. 504–539.

BODO MERGELL, Wolfram von Eschenbach und seine französischen Quellen, I. Teil: Wolframs ›Willehalm‹, 1936.

RICHARD KIENAST, Zur Tektonik von Wolframs ›Willehalm‹, in: Studien zur deutschen Philologie des Mittelalters, FRIEDRICH PANZER zum 80. Geb., 1950, S. 96–115.

WERNER SCHRÖDER, *Süeziu Gyburc*, Euph. 54, 1960, S. 39–69.

BERNARD WILLSON, Einheit in der Vielfalt in Wolframs ›Willehalm‹, ZfdPh. 80, 1961, S. 40–62 (dazu WERNER SCHRÖDER, Christliche Paradoxa in Wolframs ›Willehalm‹, Euph. 55, 1961, S. 85–90).

FRIEDRICH OHLY, Wolframs Gebet an den hl. Geist im Eingang des ›Willehalm‹, ZfdA 91, 1961/62, S. 1–37.

WERNER SCHRÖDER und HEINZ SCHANZE, Neues Gesamtverzeichnis der Handschriften von Wolframs ›Willehalm‹, ZfdA 91, 1961/62, S. 201–226.

WERNER SCHRÖDER, Zur Entwicklung des Helden in Wolframs ›Willehalm‹, in: Festschr. für LUDWIG WOLFF, 1962, S. 265–276.

GERHARD MEISSBURGER, Gyburg, ZfdPh. 83, 1964, S. 64–99.

DERS., Zum Prolog von Wolframs ›Willehalm‹, GRM 46, 1965, S. 119–138.

Eine Übertragung des ›Willehalm‹-Prologs in lateinische Hexameter ist bei LACHMANN, Vorrede, S. XLIIIf. abgedruckt. Eine nach-Wolframsche Übersetzung von ›Aliscans‹ ist nur fragmentarisch erhalten in den sog. »Kitzinger Bruchstücken«, s. ALBERT LEITZMANN, Alischanz, Verf.Lex., Bd I, 1933, Sp. 63–64 (mit Literatur). Wolframs Quelle ist herausgegeben von ERICH WIENBECK, WILHELM

HARTNACKE und PAUL RASCH, 1903. Es gibt drei ausgezeichnete Monographien über den französischen Wilhelmzyklus:

JOSEPH BÉDIER, Les légendes épiques, Bd I: Le cycle de Guillaume d'Orange, Paris ³1926.

PHILIPP A. BECKER, Das Werden der Wilhelm- und der Aimerigeste, Abhandlgg. der Sächs. Akad. d. Wiss., phil.-hist. Kl., 44, no 1, 1939.

JEAN FRAPPIER, Les chansons de geste du cycle de Guillaume d'Orange, Bd I: ›La Chanson de Guillaume‹, ›Aliscans‹, ›La Chevalerie Vivien‹, Paris 1955.

s. a. JOACHIM BUMKE, Studien zum Ritterbegriff im 12. u. 13. Jh., 1964.

## VII. ›TITUREL‹

1. ÜBERLIEFERUNG. Die beiden Bruchstücke sind in ganzem Umfang (164 Strophen) nur in einer Handschrift überliefert, der alten Münchner ›Parzival‹-Handschrift G, der wir auch die Erhaltung der ersten beiden Tagelieder verdanken. Dazu treten Fragmente einer zweiten Münchner Handschrift des 13. Jhs (M) mit 45 Strophen und das ›Ambraser Heldenbuch‹ aus dem frühen 16. Jh. (H) mit 68 Strophen, die in den Lesarten, im Strophenbestand und in der Anordnung zum Teil beträchtlich von G abweichen. Wichtig für die Textkritik ist ferner die breite Überlieferung des ›Jüngeren Titurel‹ (I), der die Wolframschen Fragmente in sprachlich und metrisch überarbeiteter Form enthält. Die Handschrift G steht allen anderen gegenüber allein und repräsentiert die älteste Textform, aber sie ist nicht fehlerlos: an mehreren Stellen verdient die Strophenordnung von HMI den Vorzug. Ein besonderes textkritisches Problem bilden die elf in HMI überlieferten Strophen, die in G fehlen. LACHMANN hat die sechs Plusstrophen von H in seinen kritischen Text aufgenommen (der danach 170 Str. zählt gegenüber 164 Str. in G); die fünf zusätzlichen Strophen der später gefundenen Handschrift M (veröffentlicht von WOLFGANG GOLTHER, ZfdA 37, 1893, S. 281–288) sind im Apparat (zu Str. 80) nachgetragen. Fünf von diesen elf Strophen (Str. 33. 34. *57. *59. *59b) haben schon Zäsurreime, die dann der ›Jüngere Titurel‹ überall durchgeführt hat; sie gelten als unecht und sind offenbar in der gemeinsamen Vorlage von H und M dazugekommen, die entweder eine Zwischenstufe zwischen Wolframs Text und dem ›Jüngeren Titurel‹ bildete oder bereits unter dem Einfluß der jüngeren Dichtung stand und die zäsurgereimten Strophen von dort übernommen hat. Die Echtheit der sechs Plusstrophen ohne Zäsurreime (Str. 30. 31. 36. 53. *56. *61) ist umstritten;

die meisten unterscheiden sich in Sprache und Form nicht von
den echten Strophen in G. Die Parallelüberlieferung von H und
M reicht nur bis Str. 114. Die Hoffnung, jenseits dieser Grenze
noch einzelne echte Strophen oder ganze Partien von überarbeiteten Wolframstrophen aus dem ›Jüngeren Titurel‹ zurückzugewinnen, ist aufgegeben worden. Man hält es heute wieder mit
LACHMANN für „nicht wahrscheinlich", daß „Wolfram noch
bedeutend mehr gedichtet habe" als die beiden in G überlieferten Fragmente (Vorrede, S. XXIX).

2. STROPHENFORM. Die Schwierigkeiten der Textherstellung
werden bedeutend erhöht durch die merkwürdige metrische
Gestalt der Dichtung. Der ›Titurel‹ ist in Strophen gedichtet.
Jede Strophe besteht aus vier Langzeilen; die erste hat acht
Hebungen, die zweite zehn, die dritte sechs und die vierte wieder zehn; nach der vierten Hebung liegt in Vers 1, 2 und 4 eine
Zäsur; die Kadenzen sind stets klingend. Schon LACHMANN
hat erkannt, daß sich die Überlieferung diesem Schema nicht
überall anpaßt, und er hat auf die Mitarbeit der Leser gerechnet,
die sich „durch Besserungen aus dem Stegreif zuweilen selbst
helfen müssen" (Vorrede, S. XXIX). LACHMANNS Auffassung
der Strophe gilt heute mit der Einschränkung, daß man Wolfram auch unzäsurierte Verse zugesteht. Gerade in diesem Punkt
hat der Dichter des ›Jüngeren Titurel‹ Wolframs Strophenform
umgearbeitet, indem er die Einschnitte nach der vierten Hebung durch Zäsurreime der ersten beiden Verse hervorhob.
Solche Schematik war offensichtlich nicht Wolframs Absicht;
LEITZMANNS Text zeigt sehr deutlich, zu welchen Härten die
konsequente Zäsurierung seiner Verse führt (*Dô sich der stárke
Títù – rél mohté gerûerèn*). Kennzeichnend für die alte Titurelstrophe ist der gewaltige Rhythmus, der durch die langen Verse
strömt, ohne sich in strenge Regeln zwingen zu lassen, und der
durch die vielen einsilbigen Takte etwas Schwer-Geballtes und
Feierlich-Getragenes bekommt. Die Pausen an den Zäsuren
und der fallende Ton der weiblichen Kadenzen verstärken
diese Wirkung noch. Vielleicht darf man bei Wolfram mit freien
Zäsuren rechnen, die nicht an den vierten Takt gebunden waren. Eine neue Untersuchung der Strophenform, die Wolframs
Dichtung nicht mehr durch die Brille des ›Jüngeren Titurel‹
betrachtet, ist eine wichtige Aufgabe. Ob sie von musikge-
schichtlicher Seite gefördert wird, bleibt abzuwarten. Die Wiener Handschrift A (Nationalbibl. 2675) des ›Jüngeren Titurel‹
überliefert auf dem Vorsatzblatt eine sonst nicht im Text begeg-

nende Strophe mit Noten, die verschiedentlich für Wolframs
Original in Anspruch genommen wurden.

Es ist sicher zu modern gedacht, wenn man die Wahl der
Strophenform aus der lyrischen Grundstimmung des ›Titurel‹
zu erklären sucht. Allerdings gibt es Partien, die wie ein Nach-
hall Kürenbergs und der frühen Minnesänger klingen (z. B.
das schöne Liebesgeständnis Sigunes, Str. 117ff.); aber abgesehen davon, daß Wolframs Kenntnis der alten donauländi-
schen Langzeilenstrophen nicht gesichert ist, zeigt die metrische Behandlung der Verse, daß die Anregung nicht von der
strengen Strophenkunst der Lyriker kam, sondern von der
strophischen Heldendichtung. Mit der Nibelungenstrophe hat
die Form des ›Titurel‹ freilich nicht viel mehr als die Hebungs-
zahl des ersten Verses gemein; etwas näher verwandt ist die
Kudrunstrophe: hier könnte ein Einfluß des ›Titurel‹ vorlie-
gen, ebenso wie später (über Albrecht von Scharfenberg) auf die
Strophenform des ›Wartburgkriegs‹ und des ›Lohengrin‹. Als
Ganzes ist die Titurelstrophe Wolframs eigene Schöpfung und
hat in der mittelhochdeutschen Dichtung nicht ihresgleichen.

3. AUFBAU. Im ›Titurel‹ (nach mittelalterlichem Brauch dient
der erste im Text genannte Personenname als Titel) treten zwei
Randfiguren des ›Parzival‹ in den Vordergrund: Sigune und
Schionatulander. Der Ausgang ihrer Liebesgeschichte ist aus
dem ›Parzival‹ bekannt: Schionatulander wird von Orilus erschlagen, und Sigune weiht ihr Leben der Klage und Buße.
Wie es dazu kam, erzählt der ›Titurel‹. Das erste Fragment (131
Strophen in LACHMANNS Edition) stellt die Jugendgeschichte
der Liebenden in eine weit ausholende Genealogie der Gralfamilie. An Sigune und Schionatulander ereignet sich das höfische Phänomen der Kinderminne, in dem sich die Allgewalt der
Minne bezeugt. Den Höhepunkt bilden die Minnegespräche der
Kinder und ihre Konfessionen vor Parzivals Eltern: Schionatulander eröffnet sich Gahmuret und Sigune Herzeloyden. Mit
der Akzeptierung ihrer Liebe durch die höfische Gesellschaft
endet der erste Teil. Das kurze zweite Fragment (39 Strophen)
berichtet, wie das Minneglück sich zum Verhängnis wendet. In
die Waldidylle der Liebenden bricht der Jagdhund Gardeviaz,
auf dessen Leitseil die Geschichte von Clauditte und Ehkunaht
mit kostbaren Steinen eingelegt ist. Bevor Sigune sie zu Ende
gelesen hat, entspringt der Bracke, und sie verlangt von ihrem
Freund als letzte Bewährung, daß er ihr das Seil zurückbringe.
Das ist der *anevanc vil kumbers* (170, 2).

Von den 32 im ›Titurel‹ namentlich genannten Personen sind 29 aus dem ›Parzival‹ bekannt (und Ahkarin stammt aus dem ›Willehalm‹). Nur das Liebespaar Ehkunaht und Clauditte ist dazugekommen; aber neu sind nur die Personen: ihre Namen begegnen ebenfalls schon im ›Parzival‹. Es gibt auch kaum ein sachliches Detail, das nicht in dem früheren Werk vorgeprägt wäre; selbst das *brackenseil*, um dessentwillen Schionatulander in den Tod geht, ist den ›Parzival‹-Hörern vertraut (*Pz.* 141, 16). Stofflich ist also der ›Titurel‹ ein Seitentrieb zum ›Parzival‹, und wir brauchen uns nicht nach einer neuen Quelle umzusehen. Dabei bleibt freilich offen, woher die ›Parzival‹-Angaben über Sigune und Schionatulander stammen. In Chrestiens ›Conte du Graal‹ war Sigune eine namenlose *pucele*, die ihrem Vetter nur einmal begegnet. Ob Wolfram die Handlung und die Namen Kyot verdankte, ob es einen verlorenen Schionatulanderroman gab, der zugleich die Quelle für die Gahmuret-Vorgeschichte gewesen sein könnte, oder (dazu neigen heute die meisten) ob Wolfram die Gestalten und ihre Geschicke nach Chrestiens Andeutungen selber entworfen hat, gehört ins Kapitel der ›Parzival‹-Quellen. Neu sind im ›Titurel‹ die handlungsarmen Teile: Titurels Abschiedsrede, die langen Minnedialoge und die Idylle im Wald. Sie geben dem späten Werk den eigenen Charakter.

Es ist nicht leicht, sich ein klares Bild vom Gesamtplan des ›Titurel‹ zu machen. Der Dichter des ›Jüngeren Titurel‹ hat in den erhaltenen Teilen nur zwei schmale Pfeiler eines großgeplanten Bauwerks gesehen, die er zu einem Riesenwerk von 6207 Strophen (nach HAHNs Zählung) erweiterte. Man hat jedoch allen Grund zu bezweifeln, daß diese Ausführung Wolframs Intentionen entsprach. An mehreren Stellen gibt der Text Hinweise auf Vorausgegangenes oder noch zu Erwartendes. So beziehen sich die Eingangsworte des zweiten Fragments: *Sus lâgen si unlange* (132, 1) auf eine nicht ausgearbeitete Schilderung des Waldidylls. Ebenso weisen die Worte: *nu wil sich diz mære geunsüezen* (163, 2) auf Schionatulanders Kämpfe um das Brakkenseil voraus. Im ersten Fragment wird mehrfach die ritterliche Bewährung Schionatulanders in Aussicht gestellt, zu der Gahmurets Orientfahrt die Gelegenheit bieten konnte. Aus der Bezeichnung *dirre âventiure ein hêrre* für Schionatulander (39, 4) kann man schließen, daß er in anderen Partien stärker in den Vordergrund treten sollte: mindestens seine Rückkehr aus dem Orient und sein letzter Kampf gegen Orilus sind für den Zusammenhang unentbehrlich. Dagegen läßt der Text nicht er-

kennen, ob die Handlung über Schionatulanders Tod hinaus-
führen und Sigunes Bußleben einschließen sollte. Der einzige
konkrete Hinweis darauf ist eine Erinnerung an die zweite
Siguneszene des ›Parzival‹ (78, 4), die jedoch mehr den Charakter einer literarischen Anspielung als einer epischen Voraus-
deutung trägt. Anderseits wird man überlegen, ob es überhaupt
denkbar war, eine höfische Dichtung mit dem unglücklichen
Tod des Helden und einer Klagegebärde „tragisch" enden zu
lassen, und ob nicht die Überwindung der irdischen Tragik
durch Sigunes Minne-Buße notwendig noch folgen mußte.

Über die vagen Umrisse eines geplanten Schionatulander-
romans gelangt man kaum hinaus; und selbst dieser geringe
Anhalt ist nicht sicher. In der neueren Forschung werden die
Schätzungen über den Umfang des geplanten Ganzen immer
vorsichtiger. EHRISMANN rechnet damit, daß „wohl nur noch
zwei Episoden" (Schionatulanders Rückkehr und Tod) zur
Vollendung der Dichtung fehlten; LUDWIG WOLFF ist bereit,
sogar die Lücke zwischen den Fragmenten in Kauf zu nehmen,
und erwartet lediglich „einen letzten Abschnitt", der „vom
Tod Schionatulanders berichten und den Hauptinhalt in der
Trauer Sigunens finden" müßte. Selbst der Gedanke, der schon
einmal im 19. Jh. eine Rolle gespielt hat, daß die ›Titurel‹-
Fragmente gar nicht Bruchstücke einer ganzen Dichtung, sondern in sich vollendet sind, daß also eine Fortsetzung weder
von Wolfram geplant war noch von der Struktur her notwendig
ist, taucht heute wieder auf (bei MARGARET F. RICHEY und in
anderer Form bei HUGO KUHN). Man hat auch erwogen, daß
Wolfram ohne festen Plan dichtete und während der Arbeit ein-
sehen mußte, daß auf dem beschrittenen Weg eine Vollendung
nicht möglich war. Anlaß zu solcher Skepsis hat die Beobachtung gegeben, daß Wolfram von den epischen Entfaltungsmög-
lichkeiten des Stoffes auffallend wenig Gebrauch gemacht hat.
Schon die Familiengeschichte am Anfang ist ganz skizzenhaft
gehalten, und Gahmurets Orientfahrt, die mannigfache Gelegenheit zu erzählerischer Ausgestaltung geboten hätte, ist
nur eben angedeutet und wird gänzlich überschattet von den
Minnegesprächen. Im zweiten Fragment ist das epische Detail
etwas reicher (z. B. das Genrebild des barfuß angelnden Helden: Str. 159), aber auch hier überwiegen die statischen Teile.
Gerade an dem Punkt, wo aus der Waldidylle eine Handlungsfolge herauswachsen mußte, bricht der Text ab. Es ist sehr wohl
möglich, daß Wolfram mit Bedacht zunächst diejenigen Teile
ausgearbeitet hat, die den eigenen Ton der neuen Dichtung am

deutlichsten zum Ausdruck bringen, und daß er die epischen Partien, vor allem Schionatulanders Aventiuren und Kämpfe, einem späteren Zeitpunkt vorbehielt (tatsächlich kann aus dem Fehlen von Kampfbeschreibungen in dem vorhandenen Text noch nicht gefolgert werden, daß Wolfram im ›Titurel‹ auf alle Kämpfe verzichten wollte; die epischen Vorausdeutungen sprechen dagegen). Aber es ist auch zu bedenken, daß schon die Siguneszenen im ›Parzival‹, die als stoffliche und dichterische Wurzel des ›Titurel‹ angesehen werden müssen, dieselbe Bewegungslosigkeit, denselben Mangel an zusammenhängend durchgeführter Handlung zeigen, und daß sie die große poetische Kraft gerade ihrer symbolträchtigen Statik verdanken.

4. MINNE-THEMATIK. Das Thema der Dichtung ist die Minne. Sie bestimmt das Leben des Heldenpaares und bewegt auch alle Nebenfiguren. Die Minnehandlung im ›Titurel‹ bekommt eine eigentümlich dunkle Farbe dadurch, daß immer wieder der Tod in ein junges Liebes- und Eheglück einbricht. Beide Elternpaare, Kiot und Schoysiane, Gurzgri und Mahaute, werden nach kurzem Glück auseinandergerissen, und an den Stiefeltern Gahmuret und Herzeloyde ereignet sich dasselbe Schicksal noch einmal. Während über diesen Paaren noch ein böser Zufall zu walten scheint und ihr Geschick nur eine dunkle Warnung sein kann, spiegelt sich in dem unglücklichen Liebespaar des zweiten Fragments, Ilinot und Florie, das Verhängnis, das über Sigune und Schionatulander steht: Ilinot, dem die Geliebte alles gewährt hat *wan bî ligende minne* (147, 3), fällt ritterlich in ihrem Dienst. Genauso wird Schionatulander sterben, bevor sich ihre Liebe erfüllt. Dieser Tod ist nicht mehr zufällig; hier spielt ein anderes herein: die menschliche Schuld.

Minne ist im ›Titurel‹, ähnlich wie schon am Eingang der höfischen Blütezeit bei Veldeke und Eilhart, eine magischzwingende, manchmal fast bösartige Kraft, eine *angest* (48, 1), die die Menschen in ihre Gewalt reißt und nicht wieder freigibt. Gebannt wird dieser Zwang durch eine streng höfische Etikette, die den Liebenden auferlegt, ihr leidenschaftliches Herz zu verbergen. Wie im romanisierenden Minnesang steht Sigune als Minnedame über dem Geliebten und darf jeden Dienst von ihm verlangen, den sie mit Minnelohn vergilt. Dabei wird jedoch das Inadäquate des höfischen Regelkodex' und der inneren Beteiligung der Liebenden quälend spürbar, und aus dieser Spannung wächst offenbar die Schuld. In der Forschung wird die höfische Stilisierung des Minneverhältnisses durchweg negativ bewertet: „Das Minneproblem ist hier in seiner überstiegenen Ausartung angefaßt. Der Minnekult als bloß höfische Galanterie gibt sich als verschrobene Laune einer überbildeten jungen Dame, der Geliebte opfert sein Leben für eine Hundeleine" (EHRISMANN, Geschichte der dt. Literatur II, 2, 1, S. 293). Das ist keine Kritik an Wolfram, sondern zugrunde liegt der Gedanke, daß der Dichter die höfische Minnekonvention vorsätzlich bis zum Extrem gesteigert habe, um ihre hohle Brüchigkeit um so deutlicher zu machen. Dies Extrem ist erreicht, wenn Sigune dem Freund für das Brackenseil den vollen Minnelohn verspricht (Str. 166ff.). „Das tiefe Mißverhältnis zwischen Leistung und Lohn, Form und Gehalt ist der verhängnisvolle Bruch" (DE BOOR, Die höfische Literatur, S. 124). Die Interpretation steht an dieser entscheidenden Stelle vor besonderen Schwierigkeiten, denn der Text enthält sich jeder Deutung von Sigunes Handlungsweise. Schionatulander unterwirft sich freudig dem Minnegebot, und Wolfram spricht in der letzten Strophe des Fragments ausdrücklich von dem *guoten willen* der beiden (170, 2). Allerdings gibt es mehrere Warnzeichen hier am Schluß; das deutlichste ist der Name des Hundes: *Gardevîaz hiez der hunt: daz kiut tiuschen Hüete der verte* (143, 4). Dazu wird eine Interpretation gegeben: *swie ditze sî ein bracken name, daz wort ist den werden gebære. man und wîp, die hüeten verte schône, die varent hie in der werlde gunst, und wirt in dort sælde ze lône* (144, 2–4), die wir offenbar auf Sigune und Schionatulander beziehen sollen, vielleicht in dem Sinn, daß Schionatulander, der gleich bei der ersten Verfolgung des Bracken ins *ungeverte* gerät (160, 3), und Sigune, die ihren Freund auf die todbringende *vart* schickt, die Mahnung: *hüete der verte!* nicht befolgt haben. Aber erst die Siguneszenen des ›Parzival‹, ihre Selbstanklagen und ihre Buße dort, berechtigen uns, hier einen entscheidenden Bruch anzusetzen und von einer Schuld-Problematik im ›Titurel‹ zu sprechen. Sigunes Schuld liegt sicherlich nicht darin, daß sie nach den Konventionen der höfischen Minne gehandelt hat. Wir befinden uns auch hier im Bereich der ungewollten und unbewußten Schuld, die nicht in einem Fehler des handelnden Menschen, sondern in seinem Menschsein selbst ihren Grund hat. Die Urform der Schuld: der Mensch, der an sich denkt statt sich klein zu machen und die Ordnung zu verehren, in die er gestellt ist, diese Adamssünde scheint auch in Sigune durchzuschlagen; und insofern kann man sie neben Parzival stellen; aber man darf die Parzival-Analogie nicht überanstrengen. Was wir von Sigune haben, ist nur

das rein höfische Jugendleben im ›Titurel‹ und das ganz unhöfische Bußleben der ›Parzival‹-Szenen. Zusammengehalten
werden diese Teile nicht so sehr durch die christliche Logik von
Schuld und Sühne als vielmehr durch das Thema der *magtuom-
lîchen minne* (*des wil ich... künden iu von magtuomlîcher minne* 37, 4;
diese schöne Formulierung steht erst in der Ambraser Handschrift des 16. Jahrhunderts, während die älteren Handschriften *magetlîche* lesen; allerdings begegnet *magtuomlîchiu minne*
bereits im ›Parzival‹: 805, 1). Von daher bekommt auch die
Kinderliebe mit der für uns peinlichen Frühreife und Altklug-
heit ihren Sinn, denn in ihr bezeugt sich die Schicksalsbestimmt-
heit der Liebenden. Es ist ihr Schicksal, sich *magetlîche* zu lieben,
zuerst weil sie noch zu jung sind, und dann weil der eine zu
Tode kommt, ehe die Liebe sich erfüllen kann. Die Waldszene
des zweiten Fragments mit dem beziehungsreichen Anfang:
*sus lâgen si...* scheint geradezu vorbestimmt als Ort der Liebeserfüllung; aber das „Liegen" der Liebenden bleibt *magetlîche*
und verweist somit wieder auf das Thema der Dichtung: dies
und manche Einzelheit machen die Szene zu einem Gegen-
stück zum Waldleben Tristans und Isoldes bei der Minnegrotte
(DE BOOR hat den ›Titurel‹ „eine Gegendichtung gegen Gottfrieds ›Tristan‹" genannt). Nach Schionatulanders Tod beginnt
für Sigune der ungeheure Prozeß der Spiritualisierung ihrer
Liebe, der nur im ›Parzival‹ greifbar ist, vor allem in der dritten Szene, wo sie bekennt: *magetuom ich ledeclîche hân: er ist iedoch
vor gote mîn man* (440, 7–8). In der „Ehe" mit dem toten Geliebten vollendet sich das Schicksal der *magetlîchen minne*, die alles
Irdische abgestreift, „abgebüßt" hat und ganz auf das Jenseits
gerichtet ist: *der rehten ê diz vingerlîn für got sol mîn geleite sîn* (440,
13–14).

KARL MÜLLENHOFF hat den ›Titurel‹ „das Höchste in mittelhochdeutscher Poesie" genannt, und ähnlich hat JACOB GRIMM
geurteilt: „›Oranse‹ [d. i. der ›Willehalm‹] und selbst der ›Parci-
fal‹ können sich dem ›Titurel‹ auf keine Weise messen" (Kl.
Schriften, Bd VI, S. 118). Schon seit GERVINUS begegnen aber
auch kritische Stimmen, die heute in der Überzahl sind. Man
beobachtet ein „Dilemma zwischen Form und Inhalt" (SCHWIE-
TERING), hält die Schwierigkeiten der Form für „nicht restlos
bewältigt" (VOGT) und sieht in der Dichtung ein „Experiment",
das sich letztlich als „undurchführbar" erwies (DE BOOR). Was
uns groß anmutet im ›Titurel‹, ist die eigentümlich lastende
Stimmung, die über dem Ganzen liegt, der „schmerzliche
Unterton des Vergänglichkeitsbewußtseins" (WOLFF), und die

Einheit des schweren, getragenen Stils, der nicht mehr so sehr mit Brüchen und Kontrasten arbeitet, sondern alles einfängt in einen resignierenden Alterston. Selbst die ausgefallenen Bilder, die auch im ›Titurel‹ nicht fehlen (z. B. die niesenden und einander Gesundheit wünschenden Schilde: *durch daz solte ein schilt gesellen kiesen, daz im ein ander (schilt) heiles wunschte, ob dirre schilt kunde niesen* 80, 3–4) klingen in dem gedehnten Rhythmus der Titurelstrophe anders als ihre Parallelen im ›Parzival‹. Man spürt in jedem Vers, daß hier ein Dichter spricht, der erfahren hat, daß alles Schöne auf dieser Welt bedroht ist, daß die kurzen Momente des Glücks mit einem furchtbaren Maß von Kummer und Sorgen erkauft werden und daß es nur noch einen Ausweg gibt: die Gnade von oben.

LITERATUR:

CONRAD BORCHLING, Der jüngere ›Titurel‹ und sein Verhältnis zu Wolfram von Eschenbach, 1897.

ALBERT LEITZMANN, Untersuchungen über Wolframs ›Titurel‹, Beitr. 26, 1901, S. 93–156.

ERICH FRANZ, Beiträge zur ›Titurel‹-Forschung, Diss. Göttingen 1904.

LUDWIG POHNERT, Kritik und Metrik von Wolframs ›Titurel‹, Prag 1908.

MARGARET F. RICHEY, Schionatulander and Sigune, an Episode from the Story of Parzival and the Graal, as Related by Wolfram von Eschenbach, London 1926, ²1960.

LUDWIG WOLFF, Wolframs Schionatulander und Sigune, in: Studien zur deutschen Philologie des Mittelalters, FRIEDRICH PANZER zum 80. Geb., 1950, S. 116–130.

JEAN FOURQUET, L'ancien et le nouveau ›Titurel‹, in: Lumière du Graal, Paris 1951, S. 230–262.

KARL H. BERTAU und RUDOLF STEPHAN, Zum sanglichen Vortrag mhd. strophischer Epen, ZfdA 87, 1956/57, S. 253–270.

BERNHARD RAHN, Wolframs Sigunendichtung, 1958.

DIETLINDE LABUSCH, Studien zu Wolframs Sigune, Diss. Frankfurt Main 1959.

MARGARET F. RICHEY, The ›Titurel‹ of Wolfram von Eschenbach: Structure and Character, MLR 56, 1961, S. 180–193.

WERNER SIMON, Zu Wolframs ›Titurel‹, in: Festg. für ULRICH PRETZEL, 1963, S. 184–190.

    Eine kritische Ausgabe des ›Jüngeren Titurel‹ ist begonnen von WERNER WOLF, Bd I (Str. 1–1957), 1955, Bd II, 1 (Str. 1958–3236), 1964. Der weitere Text ist in der alten Ausgabe von KARL A. HAHN, 1842, zu lesen.

# NACHWORT

Die Wolframforschung hat eine wechselvolle Geschichte. Seit LACHMANNS Gesamtausgabe von 1833, die der wissenschaftlichen Beschäftigung mit dem Dichter eine sichere Basis schuf, hat jede Generation erneut um die Aneignung der Texte gerungen, und in den verschiedenen Wolfram„bildern" spiegeln sich oft die Tendenzen ihrer Zeit. Die merkwürdig schillernde Persönlichkeit des Dichters lud immer wieder zur Auseinandersetzung ein und entzog sich doch zugleich jeder eindeutigen Kategorisierung. Trotz eines einzigartigen Aufwands an philologischer Geduld und Liebe, mit dem fast alle großen Namen der Germanistik verbunden sind und der in zahlreichen bedeutenden Arbeiten Früchte getragen hat, sind wichtige Probleme noch nicht endgültig gelöst. Man hat in letzter Zeit von einer „Krise" der Wolframforschung gesprochen und dabei wohl hauptsächlich an die Gefahr gedacht, daß über der immer schneller anwachsenden Sekundärliteratur, die auch dem Spezialisten kaum noch überschaubar ist, die Verbindung mit dem Dichterwort verlorengehen könnte. Die eigentlich philologischen Aufgaben: Handschriftenuntersuchungen und Textkritik, Sprach- und Stilforschung, biographische Fragen und das im 19. Jh. dominierende Quellenproblem treten heute vielfach gegenüber der Interpretation und Exegese in den Hintergrund. Neuere Gesamtdarstellungen gibt es nur im Rahmen der Literaturgeschichten und in Form kurzer, skizzenhafter Aufsätze oder Vorträge. Auch das vorliegende Bändchen vermag diese Lücke nicht zu füllen, da sein Zweck und sein im voraus festgelegter Umfang ihm feste Grenzen setzen.

## REGISTER

### zur Sekundärliteratur